站在自然巨人的肩膀

看自然如何將我們高高舉起，支撐萬物生息

På Naturens Skuldre

Anne Sverdrup-Thygeson

安・史韋卓普-泰格松 ———著
汪澤宏 ———審訂 王曼璇 ———譯

作為博物學者，

我發現每件對我意義非凡的事都受到威脅，

更重要的是我無能為力。

瑞秋．卡森（Rachel Carson, 1907-64）科學家暨現代環境運動之母

目錄

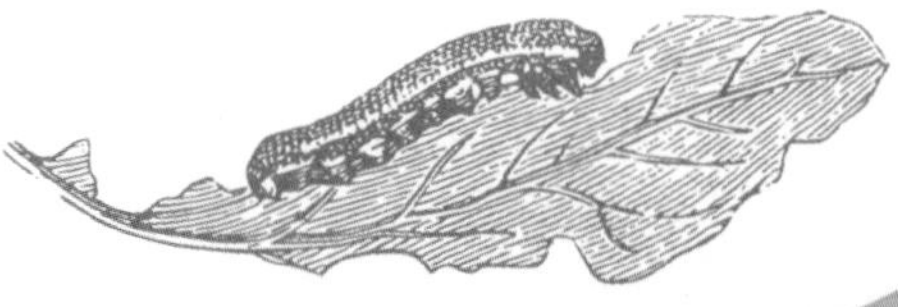

第六章——大自然管理公司 153

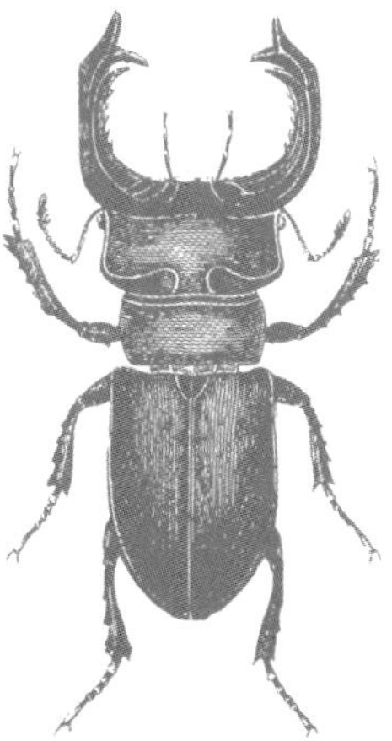

作者序

我曾是會問十萬個為什麼的孩子，無時無刻，喋喋不休，是個好奇寶寶，當然，有時也早熟得讓人討厭。小學時的我有一本簽名紀念冊，難看的亮綠色外殼上有大大的花朵圖樣，典型七〇年代風格，裡面通常會寫：「玫瑰是紅色，紫羅蘭是藍色[1]」和「力爭上游，成為第一」。同學們整齊的留言字句中，有整整兩頁被我的兄弟占滿，他寫了一首詩給我，開頭大概是這樣：「妳不斷問問題的次數，可能是十的古戈爾次方[2]……」接著寫下我曾經問過他的問題清單。

古戈爾次方不只是一個極大的數字，它是十的次方，一後面加上一百個零（比宇宙中所有原子還多），這個詞本身也帶點魔力，有點像咒語。孩童時期，我搜集了有趣的詞彙，說出口時會在嘴裡翻來滾去的絕妙路線，就像「擬聲詞」；或是那些從小舌頭上跳房子般的詞語，穿過舌頭著陸舌尖，就像「三角點」。我的爺爺帶我認識了更多奇妙的詞彙，包括植物的拉丁語——款冬花的學名 *Tussilago farfara*。夏季時，在挪威的吶喊山[3]高原上，他會帶我去看看石英結晶，紫色虎耳草生長的地方，以及聆聽金色鴴鳥是怎麼歌唱的。

爺爺享壽一百零二歲，每到夏季聽見金色鴴鳥在高高的森林線上哀戚地鳴叫時，我總是特別想念他。回到奧斯陸的家，他會坐在客廳角落的翼狀椅上，大聲讀著兩卷挪威童話《烏特勒斯特的鸕鶿》（*The Cormorants of Utrøst*）的故事。後來，當我長大了，我們的談話內容越來越廣泛，他會跟我討論洛基與槲寄生、傑森與金羊毛的神話，一九三〇年代船渡大西洋到美國、兩次世界大

1 一首英格蘭詩歌。
2 古戈爾普勒克斯（googolplex），十的古戈爾次方，數字十的次方，一後面有一百個〇。
3 挪威語 Gaularfjellet，英譯名 Golsfjellet。

戰的歷史。

我家有一個小屋，在某座小島的湖邊森林裡，我在那度過無數個假期與週末。那是一棟有兩間房的小木屋，沒有電力及自來水，非常貼近自然。夏天瀰漫著陽光曬暖木屋牆壁時散發的油香，屋外廁所有各種蘑菇拼成的海報，魚網裡有捕捉到的鱸魚，屋頂上有野莓，劈柴以及被迫採集越橘的沉悶之旅似乎永遠不會結束。我讀了每一本男孩們都會讀的冒險書，書本放在潮濕的船屋裡，封面都有點發霉了。

由於小木屋離最近的村落還有一大段路——當然，離最近的鄰居也很遠，所以冬季夜空總是星光燦爛。少年時，我曾用雲杉樹枝在冰上做一張床，和朋友妮娜共享，又從棚屋裡找出戰時用的睡袋，舉辦通宵戶外派對，這樣我們就能看星星了。四十年後，那一晚最清晰的記憶不是銀河，而是睡袋底部碰到我赤裸雙腳的奇怪、脆得作響的乾東西，我藉著火把的光線進一步確認後，證實了那是一整個死了、乾掉的小老鼠窩……

有時候大家會問我，為什麼那麼熱衷於撰寫昆蟲以及看似與公眾問題無關的生物主題，是否我也曾是會搜集昆蟲的小孩？其實我不是。我非常幸運，成長於常在戶外活動的家庭，這是非常重要的一課，而我也喜歡那些敘述我們和自然的故事、過往與今日的語言。我的家庭也能讓我保持好奇心，試著回答我永無止歇、關於萬物是如何運作的問題。

身為科學家，保持好奇心及讚嘆之心對我也很重要。因為我是保育生物學教授，研究受威脅的生物差異及如何面對現狀的科學，很想知道如何讓人們懂得欣賞周遭自然世界，才能一起好好照顧它。這本書是我試圖呈現的答案：我想讓所有人看見美妙自然世界產出的萬物，如此你就能看見它們身處危險之中。同時也想指出我們與自然生產鏈中的悖論：我們大量利用自然，但我們能利用自然資源，也得承擔掏空人類存在的根基。

前言

一隻失去角的犀牛

幾年前，我參加了一場在都柏林舉辦的科學研討會。在授粉與瘧蚊主題的場次間，撥空參觀那座城市的自然歷史博物館——愛爾蘭國家博物館（National Museum of Ireland）。我非常喜歡博物館，而這間又特別有趣：有達爾文親自搜集的昆蟲標本；大角鹿[4]化石，它的鹿角比我的身形還寬大，如今卻是一座滅絕物種的哀傷紀念碑；館內還展出十九世紀德國玻璃藝術家布拉斯卡（Blaschkas）的創作，數百種極其精緻的海洋無脊椎動物玻璃模型。

玻璃展品是為教具而製作，因為人們很難找到其他更好的方式展示海洋生物——真正的海葵和軟珊瑚，最終可能沉積在福馬林罐底，成為沒有形狀、沒有顏色的團狀物。數千個絕美藝術品被賣往世界各地的博物館、大學、學校，但留下的數量仍相當可觀。

而真正震懾我的，是一隻填充犀牛：這是一隻沒有角的犀牛，黑色皮膚上應該長角的位置，如今只剩下兩個洞，我可以直接看到裡面粗糙、米白泛黃的帆布。這隻傷殘的動物旁邊有塊牌子，博物館為犀牛的呈現方式表示歉意，並說明移除犀牛角是因為怕遭到偷竊，人們誤信犀牛角磨成的粉具有藥性。儘管犀牛角其實是角蛋白組成，和你的手指甲成分一樣，但這種迷思依舊廣為流傳。世界各地都將犀牛交易視為非法，可涉險非法交易市場的人依舊不擇手段：全靠偷竊，偷襲博物館展覽和大規模走私更是司空見慣，買賣雙方似乎完全不在意這個產品源自即將從地球消失的物種——而且是永遠消失。

也許這個例子是個極端版本，對自然及物種多樣性的潛在態度，我認為是許多人都有、通常是無意識的態度：某種程度上，他們認為自然是遙不可及、

4 Giant red deer，學名*Megaceros giganteus*，目前發現體型最大的鹿。

堅不可摧的資源銀行，一個和人類有段距離的地方，不同於我們舒適生活圈、每日生存的地方——那是個服務中心，我們可以獲得無窮盡的資源，期望自然能在任何我們需要時提供源源不絕的服務，除此之外一切與我們無關。

但事實並非如此，你我都比想像中更緊密地交織於自然的織錦中。自然中無數微小、幾乎看不見的有機體，支撐著你、支撐著你的生命——即使在現代、日益都市化的生活中。地球上仍有非常豐富的物種，迄今為止，我們已經命名了一百五十萬種生物（不包括微生物），也已經發現更多——近一千萬種物種，而人類只是其中之一。

地球上大多數物種都沒有犀牛那麼巨大，你也從未發現過牠們，因為牠們體型微小，而且過著遠離人類的生活——在泥濘溫暖的土裡，在枯死、腐爛的木頭纖維裡，或在海洋鹹水中漂游。儘管如此，無名有機體的多樣性仍是我們必須心懷感謝的對象，早在人類開始用雙腿站立之前，牠們便一直生存著——自那時以來，我們更是將牠們的貢獻視為理所當然。

站在自然巨人的肩膀上：生態系統服務

近年來，科學家開始使用一個概念，試圖揭露豐富有機體多樣性中的自然，是如何為我們的福祉做出貢獻，此概念有各種名稱：生態系統服務、自然產品及服務、自然對人類的貢獻[5]。無論你採用哪個詞彙，核心概念都一樣：指生物界直接、間接對人類生存及福祉所做的貢獻，所有自然界供給的好處。

就像同一個概念會有不同的詞彙，分類自然資源也有不同的方式，最常見的，就是區分為供應型服務、調節型服務、文化型服務（請注意，如果我們用人類效用觀點來談論自然，也會有反面效果，例如花粉傳播對過敏者來說，就是一大問題）。

為了用更簡單明瞭的方式敘述這些類別，我們就這樣說吧，供應型服務就像舊式雜貨店及藥房，我們可以在那挑選所需的各種產品：飲品（例如乾淨的水）、食物及蔬菜、工業用燃料及有效成分，以及新藥的原物料。

5 NCP，Nature's Contribution to People。

調節型服務可理解成自然是可靠的管理人，負責清理及回收——確保水、土壤、雪都待在該出現的地方，氣溫不會失控，這對地球上的生命而言，這些機能是恆定基礎，可視為生命構造的中心束，就像水與養分的自然循環，無止境地重複。

文化型服務意思是自然是知識、美麗、身分、經驗的來源。我們可以透過研究自然檔案了解過往，如沼澤或樹的年輪，從自然中汲取靈感，找出解決問題的新方法。對許多人來說，無論我們是否為自然賦予了宗教象徵，自然也像一座教堂，是靈感、反思、敬畏的起點。

蘋果皮裡的生命

某種意義上，地球上的生命與生物多樣性都很健全，畢竟生命已經存在數十億年了。但以生物界來說，生命存在於地球那薄薄的一層，並沒有延伸得特別遠。我們如果把地球縮小成一顆蘋果來做比喻，想像整顆蘋果的尺寸與蘋果皮的厚度，其實，真正的蘋果皮，還比地球上的生命層厚。地球上最深的地方，太平洋底部恆暗的馬里亞納海溝（Mariana Trench），與冰雪覆蓋的聖母峰，兩者間的高度差不超過二十公里。從金字塔、洞穴壁畫到烤麵包機和聯合國大會，我們所有文明都百分百仰賴這薄薄的地層，生命能生存的空間。

今日，我們在馬里亞納海溝發現塑膠袋，數以噸計的垃圾散落在聖母峰上各處。我們憑藉著數量和勢力的優勢，不僅大量消耗，還厚顏無恥地延展自己。地球上四分之三的陸地已被人類行為大幅改變，我們用自己和家畜填滿這個被改造的地區。如果此刻幫地球上所有哺乳動物秤重，我們的家畜——牛、豬、家禽類等等，將占生物量的三分之二，僅是人類就近三分之一，這表示所有體型的野生動物，從大象到尖鼠，在所有哺乳動物中僅占總重的四%。

＊＊＊

站在都柏林博物館裡，我在這隻被嚴重損壞、缺了角的犀牛前凝視許久，憤怒與悲傷在胃裡繞成一個結。

旁邊那塊牌子最後還有一句話：「真犀牛角將會盡速以塑膠複製品補上」。但或許，這隻犀牛應該保持原貌，作為發人深省的象徵，我們無法聯想到現況，無法運用我們與生俱來的智慧，也無法把其他物種考量在內，即使牠們已在瀕絕邊緣。那是個提醒，如果我們想保護人類生存的基礎，就必須改變生活方式。

我們只是一千萬種物種中的其一，而在此同時，我們也很特別，有能力與他人交流，可以對整個地球和所有物種造成影響。我們也進化出獨特能力，能從更宏觀的角度，以邏輯、道德衡量自己的行為。有此認知，伴隨著更大的責任，是時候該扛起責任了——因為自然是我們擁有的一切，也是我們的全部。

Chapter 1

生命之水

Water of Life

我們都知道，水是生命的根本。我們至今尚未發現任何不需要水的生物，某種程度上是因為水的用途廣泛，能輕易溶解其他物質，送往其他生物附近，確保蛋白質在同一生物體中正常發揮效用很重要，水也存在於自然三階段中（固態冰、液態水、氣態水蒸氣）。此外，水在結冰時會膨脹，所以最終會漂浮於湖面、海面，而不是一塊冰冷的敷巾躺在海底。

你的身體裡有三分之二是水，每天必須灌進幾公升的水，好維持身體正常運作。而且，你也會用水洗澡或做其他事，總的來說，若以英國人的平均用水量來看，一天約一百四十一公升，大概是放滿一個浴缸的水。

地球表面有七十一％被水覆蓋著，但飲用水仍是珍貴稀有的資源：地球上的水只有三％是淡水，幾乎全都被綁在南極企鵝的腳下，這也表示，只有一％的水能成為飲用水。

為了安全地供給人類水資源，水源必須乾淨，但這並非理所當然。以全球而論，有三分之一的人無法使用乾淨、安全的飲用水。水每分每秒持續被清潔、過濾，隨著水流動、奔流、或潺潺作響、或涓涓細流、或在自然中緩緩滲透，都是無盡的循環。整體物種——細菌、真菌、植物，到蚊子、貽貝等小型生物，都參與自然界水淨化系統的運作，努力跟上汙染、侵蝕、氣候變遷及其他因素的影響，在水龍頭或水井裡產出乾淨的水。但我們損壞自然系統時，牠們就無法維持運作。這一章要談的，就是水淨化任務，以及那些默默躲藏起來工作著的物種，是牠們，讓人類獲得乾淨的飲用水。

紐約：用大自然過濾出香檳般的飲用水

我拜訪過紐約幾次，每一次都會被中央公園那鬱鬱蔥蔥的綠洲景觀所吸引，誰曉得這地方一開始完全是人工打造的。從歐洲到這裡旅行的好處是，破曉醒來時，可以用晨跑作為一天的開始。

我們說的可不是一片荒地，即使是草地也有開放時間限制，黃昏後就禁止進入，直到早上九點才會重新開放——我從告示上知道的。儘管草地不能進入，仍有一批穩定的晨跑者，沿著外圍的柏油跑道跑著。我想找一條比較柔軟、人也較少的跑道，所以轉向小路跑去，那區叫漫步區（The Rambles）——一塊鮮少被打理的地方。在小路的某個交叉口，一名綁著馬尾的年輕女孩正彎腰在飲水機前喝水，我停下來等她喝完，因為我也想嘗嘗這水。紐約口感絕佳的飲用水也非常有名，可說是全美最好喝的水，美國只有五個城市直接從自然汲取自來水而不經過濾水廠，紐約正是其中之一。

其實，紐約的飲水系統是世界上規模最大的未過濾供水系統：每天約有四兆公升的水，送往容納了九百萬居民的城市。城市總是飢渴的，清洗、沖澡、飲用都需要水，摩天大樓、柏油路、地下管線系統及高科技設備，城市就像個大型集水區的人造終點。集水區向森林的山坡、山脈和一些農業用地擴散——總面積約曼哈頓面積的一千倍。雨水和融雪後的雪水滲入植被及土地，接著抵達小溪、流入河流、最終流進湖泊及水庫。水從那裡進入隧道及輸水道系統，有些系統早在一八〇〇年代就存在至今，然後輸送到這個城市，到我眼前的中央公園飲水機。

一九九〇年代，美國聯邦政府通過新法規，設立淨化飲用水的嚴格規範，當時，集水區及集約農業的發展逐漸影響水質。根據估算，處理紐約飲用水設備將耗費地方預算四十億美元，而每年營運預算約為二億美元。這筆開銷將導致水費翻倍，但，其實還是有替代方案……

紐約市與集水區城市、土地持有者組成特別合作關係，由紐約市環境保護部門的新聘官員及紐約市下水道系統主管主導，集水區的大片森林及濕地將會維持不開發狀態，正在使用的農業區域將會以環境友善方式耕作。經過一連串協商及協定，為紐約市進行籌備，以補償必要的額外開支。紐約市也買下集水區域面積相當可觀的土地，如此一來，從雨水降下開始，一直到廚房水龍頭，一路都有森林及植被可以過濾及淨水，水質得到保障。綜觀而言，實施措施本身就不需維修設備，因為有自然過程及成群志願者——細菌、真菌、無脊椎動物及生態系統中其他小物種，都免費提供淨水服務。同時，這片擁有生物多樣性的棲息地也受到保護，成為休閒及戶外活動的基地。即使這樣，總開銷也只是維修支出的一小部分。

平心而論，採行這個方法並不容易，也不完全積極，原因是交涉這些協定本身就具挑戰性，後續也要持續追蹤。更重要的是，大型河狸與鹿群的數量，也會帶來一些問題，因為這些動物可能成為微生物的宿主，導致人類腸胃不適及腹瀉。儘管可以省去過濾設備，這些微生物是否會被氯及紫外線輻射阻擋，仍有爭議。因此，負責城市飲水的單位也討論著是否應該控制微生物的數量，即使一開始採用了自然的解決方案，仍需人類干預——調節自然，以符合人類需求。

這個系統在二〇一七年進行測試，紐約市必須從嚴格要求飲用水濾清的聯邦法規下延長豁免，這事關重大。現在，建造一座處理廠粗估超過一百億美元，還有高額的營運成本。但是，這次自然方案還是勝出了。作為交換條件，政府將投入十億美元改善化糞池系統，買下更多土地，支持集水區的環境友善運作方式，紐約市被授權讓自然一如往常：淨化水源，讓水乾淨到能供給人類飲用。

＊＊＊

輪到我使用中央公園飲水機時，我原地跑著，想著即使在紐約這樣的大都市裡，自然仍扮演著隱藏角色。我好奇那位綁著馬尾喝完水的女孩，是否正向集水區卡茨基爾山（Catskill Mountains）傳達友好之意。可能吧，但也不太可能，她或許只是用美國人輕快的方式打了招呼，解渴後繼續向前跑。

終於，輪到我享用知名的「飲用水香檳」——紐約人都喜歡這麼說。

淡水珍珠貽貝——水系統的管理員

有些挪威人會被政府賦予新的名字及身分，讓他們不會被可能威脅自己性命的人打擾，而少數物種也享有同樣待遇。淡水珍珠貽貝（Freshwater Pearl Mussels）——以前在挪威被稱為河流珍珠貽貝，現在簡稱河貝，可能是唯一因此被重新命名的物種，之前有此稱號，是因為這個物種有時會孕育珍珠。確實如此，你必須打開（同時間殺害）一千顆貽貝，才可能找到一顆珍珠。找到一顆品質優良的珍珠，機會只有千分之一——卻無法阻擋數世紀以來歐洲及北美的密集珍珠採集。

淡水珍珠貽貝是一種容易讓人聯想到海水貽貝的淡水軟體動物，牠是棕色的，有一半埋在土裡，矗立在河床上。就像過濾作用中，植物、樹木、土壤裡的微生物是自然過濾設備中的地基，貽貝也是水過濾系統的一分子，一個樣本每二十四小時可淨化四十至五十公升水。附著在河床上的數千隻貽貝，可捕捉各種微粒與碎屑，加速水的淨化過程。不幸的是，此物種在各別國家乃至全球，都蒙受威脅。我們估計，全世界有三分之一的淡水珍珠貽貝都生長在挪威，有些甚至從二百多年前美國宣布獨立時就活著。

中世紀時，教會、歐洲皇室、俄國沙皇家族是最迷戀珍珠刺繡及珍珠裝飾品的一群人，最顯而易見的是歐洲修道院，有些神父的衣袍上縫了一萬顆珍珠，如果你曾看過伊莉莎白一世（Elizabeth I）的畫像〈無敵艦隊肖像〉（The Armada Portrait）——背景描述的就是一五八八年英國艦隊擊潰西班牙那時候——試著數數伊莉莎白衣服、髮飾、首飾上的珍珠，就能透徹了解都鐸王朝的珍珠奢華史。我們所見的樣本似乎來自北英格蘭及蘇格蘭，女王顯然也用了人工珍珠：玻璃珠黏膠水及魚鱗。

約莫在過了五十年後，現今挪威南部阿格德爾郡（Agder County）的地方官送了一把珍珠給丹麥挪威國王克里斯欽四世（Christian IV），並詢問購買珍珠的指示。一六三七年六月二十七日，國王回信給他，以當時官方優雅的措辭表達，如果你很難理解官方管道的通訊，試試看較白話的這段：「關於汝恭敬獻予吾之珍珠，受汝管轄之農人獲珍珠後將其售予陌生人，汝欲知吾極真摯的願望：以此境況，吾殷切盼望，無論何時農人取此珍珠，汝應購而取之，留意勿使他人取得等級珍珠，並將其奉上予汝。」簡而言之：「買下這些珍珠，統統獻給我。」

由於農民通常能在其他地方賣出比較好的價格，所以這道命令的效力也就大打折扣。無論如何，這些故事都證明了珍珠是一種短期收入：早在十八世紀，河裡就沒有貽貝了，很長一段時間，捕撈貽貝並無利潤。但再說個有趣的故事：挪威的王儲八角王冠製於一八四六年，華麗展出於特隆赫姆（Trondheim）大主教宮（Archbishop’s Palace），王冠上的每一角都鑲有淡水貽貝珍珠。這頂王冠原本製於一八四七年，為了瑞典挪威國王奧斯卡（Oscar）以及約瑟芬皇后（Josephine）在尼達洛斯主教座堂（Nidaros Cathedral）的加冕儀式中，由王儲配戴，但約瑟芬是天主教徒，主教拒絕為她加冕，儀式也隨之取消——這八顆珍珠沒有機會成為王儲尊貴服飾上的點睛之物。

現在，威脅貽貝生存的問題不再是採集珍珠，而是老化。淡水珍珠貽貝非常長壽，能夠活到三百歲以上，這意味著挪威目前最久遠的樣本出生於十八世紀，也就是在克里斯欽四世即位統治，發出那封優雅措辭的信後不久。等到貽貝變得成熟時，比較能夠面對粗暴的待遇。不過，養成新貽貝才是真正困難的問題，因為淡水珍珠貽貝必須經歷獨特的童年階段，第一道關卡就是進入「幼兒園」，而這個幼兒園就位於路過鮭魚的下顎。貽貝幼蟲的生命，取決於是否能附著於鮭魚或鱒魚鰓上，並好好活上一年，之後再鬆開抓力潛入沉澱物中，而這一潛又是好幾年。

貽貝生命初期就是現今遭遇失敗之處。農業、伐木業及其他土地利用帶來的汙染和侵蝕，讓河水裡泥沙或養分含量太多，最終導致水中的含氧量變少，如此一來，潛藏於河床裡的年輕貽貝便容易窒息而死，宿主魚類的減少，也使得幼兒園招生名額銳減；沿著河岸砍伐樹木，也會導致氣溫上升、泥沙含量增高。水系統的法規及氣候變遷正改變水位及溫度，簡而言之，水系統的管理者正面臨重重挑戰，以及淡水珍珠貽貝能夠生長的這些挪威河流中，已經有三分之一很難找到年輕貽貝，而其他國家的培育率更低。

幸好，還有希望。挪威西部霍達蘭區（Hordaland）開始施行一項計畫，為年幼的貽貝設置「寄養家庭」，牠們住在家具齊全的地方，那裡有乾淨的水源、宜居的溫度，直到牠們長大到能照顧自己後，再回到原生河流裡。目前為止，計劃成功，或許我們可以重新預見淡水珍珠貽貝的未來，清潔我們水域的守護者。

毒害者與淨化苔蘚

綜觀人類歷史，砷是下毒者最喜歡的兇器。比較少人知道的是，飲用水裡也有砷——但你只需要一小撮苔蘚，就能淨化有毒的水；只要一小時，就能淨化到可飲用的程度。

世界上有幾個地方，砷汙染飲用水是影響健康的主要因素，尤其是東南亞部分地區。一九六〇年代至一九七〇年代，聯合國兒童基金會（UNICEF）在各村落投資鉅額挖井，為居民提供乾淨水源，雖然立意良善，事情卻也因此惡化。因為砷無臭無色無味，沒人發現砷正從岩石中滲出，產出毒水。直到數百萬人出現了明顯的砷中毒症狀，癌症與其他疾病的發生率也高於平均值，這才把事情串在一起。總計超過一億人，或許有兩億人，正在接觸砷汙染的水源，含量超過世界衛生組織（WHO）設定的標準值。

瑞典北部的謝萊夫特奧市（Skellefteå）也面臨了這個問題，因為採礦作業導致大量含砷礦物流出，滲入地表及飲用水中。謝萊夫特奧市是礦產最豐富的區域，而且易於開採，因此瑞典人近百年來都在此開採金、銅、銀、鋅礦。最近一名進行田野調查的植物學家發現，一種漂亮的綠色苔蘚居然在富含砷的水中成長茁壯，這是一種名為浮生范氏蘚（*Warnstorfia fluitans*）的捲葉苔蘚，漂浮在受汙染的濕地表面，長長的螺旋捲葉有點像綠色的消化道。樣本被帶往實驗室檢測，發現這種在芬蘭拉普蘭區（Lapland）漂浮的捲葉苔蘚，吸收砷的能力堪稱一絕。砷會以多種形式存在，被苔蘚吸收並累積於其中，從而減少水中的砷含量，讓水質達到安全飲用的品質。砷濃度較低時，只需一小時就能清除水中八十％的砷，產出安全可飲用的水。砷濃度較高時，所需時間就較長，但效果同樣讓人印象深刻。

要是我已故曾曾曾祖父的兄弟知道這些就好了，他名叫尼爾斯．安克．斯當（Niels Anker Stang），是挪威哈爾登鎮（Halden）的批發商人。他和妻子都死於攙在咖啡及大麥仁湯裡的砷中毒，起因是一名叫蘇菲．喬翰奈斯多特（Sophie Johannesdotter）的女服務生端給他們的，謀殺動機不明，據說蘇菲曾和女主人吵架，於是決定下手殺害女主人。兩年後，我的遠親發現這名女服務生從家裡偷竊財物，就換他砷中毒死亡了。

數月後，斯當家失火了，兇手才被發現——顯然是蘇菲縱的火。她不僅承認縱火，也承認謀殺行為。墳墓中檢測出的砷含量，確立了死者的死因，蘇菲．喬翰奈斯多特被判死刑，一八七六年二月十八日星期六早上九點半於哈爾登鎮被斬首，成為挪威最後一個被處決的女性。當地報社以哥德字體[6]刊出報導，營造驚悚氛圍，儘管處決時間保密，仍有數千名圍觀者出現。當牧師在現場第五次祈求天父「請寬恕我們的罪」時，斧頭終於砍了下來，隨後「劊子手把頭放在身體旁邊，牧師結束向天父的禱告」。蘇菲．喬翰奈斯多特被埋在哈爾登公墓的某個角落，葬於無名墓中。

＊＊＊

回到飲用水和淨化水中砷含量的苔蘚上：我們知道只有幾種植物可耐受、吸收大量的砷，而這種捲葉苔蘚則是唯一可在水中生存的特殊種類。由於砷汙染屬於公共健康議題，所以這類的研究不僅非常有趣，且相關性高，在我們有能力建構浮生范氏蘚的濕地前，還需要大量研究結果，此外，這種特殊苔蘚很難運用於亞洲——拉普蘭和孟加拉的氣候不完全相同。

即使如此，這種捲葉苔蘚的角色依舊是植物修復[7]科技的絕佳案例，植物可以用來淨化水源、土壤、空氣，運用植物的能力吸收、儲藏、分解各種有害物質。就地植物淨化或許是機械、化學方式的替代方案，且環境友善、成本又低。在歐洲及美國，植物修復如今在田野研究進行測試，歷經鑽油、採礦及各種汙染事件後淨化環境。

6 誇張的中世紀風格字體。
7 Phytoremediation，用植物修復受汙染的土壤。

Chapter 2

巨大的雜貨店

A Gargantuan Grocery Store

你應該沒料想到，在美國西北部奧勒岡州，有一個小小的有機體在這裡贏得了大大的榮耀。二〇一三年，啤酒酵母——一種直徑只有五微米（相當於一根頭髮的十分之一寬）的真菌大放異彩，獲選成為官方認定象徵該州的微生物。據我所知，沒有其他微生物能得此殊榮，其中重要的因素是奧勒岡州的釀酒傳統，令此物種格外重要，微生物也用於葡萄酒、清酒、全麥麵包、披薩皮，新鮮果乾麵包的誘人香氣也源於此。

其他為我們提供食物及飲品的原料顯而易見，也較為人所知：穀類及稻米、水果及蔬菜、紅肉及魚肉，以及其他海鮮類。無論你從森林裡採摘莓果，還是從超市蔬果區的陳列架上買回家，這一切都源於自然。但是這些產品並非必然以我們希望的數量、品質持續存在，特別是考量到人類在自然超市中穿梭的方式，對靴子留下的廣大足跡也漠不關心。

虎頭蜂酵母釀造的葡萄酒

有時，你可以來點水以外的飲料，例如葡萄酒，在你舉起酒杯前，大量有益物質正開始發揮作用。其實，長滿葡萄的葡萄園以及啤酒酵母同樣都很重要——即使你從未在畫著城堡與年份的酒標上看到相關的標示，但最奇怪的是，最近研究顯示，群居胡蜂也是產出美味葡萄酒的要角。

製造發酵飲品需要用到多種啤酒酵母，將糖及澱粉轉為二氧化碳及酒精。這種飲品在各地的呈現方式不同，而且根據估算，在世界各地或是各種社會中，釀酒的歷史至少就有一萬年。原因有很多，酒精有消毒、鎮痛、防腐的特性——更不用說它對於性格的影響，幾乎不需多說。釀酒最早的紀錄源於中國，大約可追溯到九千年前；現在全世界每年產出的葡萄酒約有三百億公升，等同於一萬兩千座奧運游泳池。

成熟葡萄裡也有啤酒酵母，但是從哪來的呢？尚未成熟的葡萄裡沒有，自然界中其他發現過啤酒酵母的地方——例如櫟樹，也只有在盛夏的幾個月裡出現，那麼其他時候呢？又怎麼出現在成熟葡萄中？

就像挪威詩人英格・亥格爾普（Inger Hagerup）所說，答案是「穿著條紋泳裝，行動迅速、一往無前」的群居虎頭蜂，牠們裝了滿肚子的酵母，在飛行往來中產出美味的葡萄酒。新的研究指出，啤酒酵母終年存活於虎頭蜂肚子裡：歐洲大虎頭蜂（European Hornet）以及最常見的紙胡蜂屬（paper wasp）裡都有，也就是我們最討厭的、黃黑相間的昆蟲近親。這些群居虎頭蜂提供住宿及接送服務：當氣候條件讓戶外環境變得不是那麼有趣時，虎頭蜂的體內會為啤酒酵母提供安全、舒適的庇護所。酵母可以從母蜂傳給幼蜂，因為成蜂會反芻剛才吃下的東西餵食幼蜂，啤酒酵母因而代代相傳。而且有些虎頭蜂會冬眠——更精確地說，是剛交配完的蜂后，此後蜂后及女兒們會將啤酒酵母散播到明年成熟的葡萄上，就能喝到自己做的甜美葡萄汁了。

不同的虎頭蜂會傳播不同種類的啤酒酵母，而這有助於產出獨特風味的葡萄酒，這一切的關鍵，就在虎頭蜂的肚子裡——這個地方，可不只是單純讓啤酒酵母緊緊依附的幽暗角落，然後排隊等著被帶往附近葡萄園的葡萄上，絕非如此，說起來，比較像去夜店一樣：在虎頭蜂肚子裡的昏暗潮濕之地，各種不同的啤酒酵母會用自己的方式「混」在一起。於是就產生了新的基因變異，每種不同的變異能使葡萄酒散發特有風味。

所以，下次當你喝著自己最喜歡的葡萄酒時，不妨向昆蟲不為人知的生活舉杯吧。

如果你是你吃的東西，那麼你就是一株會行走的草

草

我生長的地方別人無法觸及，
那裡風強、少水，
我飲用雨水，啃食太陽，
在大草原吹起風前，我就逃跑，
我播種，我發芽，我成長，我爬行，

冰凍和下雪時，我便沉睡，
東歐或非洲大草原，或是南美大草原，
廣闊無垠的天空下，
為自己做張簡陋、片刃般的床，
而平坦之地，我遍地開展。

——喬伊斯・席德曼（Joyce Sidman），
《無處不在：歌頌自然中的倖存者》
（*Ubiquitous: Celebrating Nature's Survivors*, 2010）

你覺得只有牛才吃草嗎？再仔細想想。其實人類消耗的卡路里，有近一半來自於草。

我們吃下肚的大多數東西都來自植物王國。這並不令人意外：植物根本就是所有生命的基礎。而人類和植物不一樣，無法借助沒有生命的物質產出食物，例如二氧化碳和水。這也是光合作用的神奇之處：植物「吃下」陽光、二氧化碳、水，把它們變成有機分子——活體植物的生物量，它們的成就絕非小可。每一年，地球主要的生產者（準確地說，是植物、藻類和一些細菌）會從大氣中提取一千億噸二氧化碳，結合其他元素，從而創造出從穀物的莖幹到巨大杉木等一切事物。

地球上所有的有機體，無論直接或間接，都百分之百仰賴植物運作，以獲取能量及建構身體所需的原料（除了某些靠化學能量維生的特殊深海群體）。當然，植物的行光合作用所產出的一種廢物，也是非常重要的氣體：氧氣。

地球上至少有五萬種可食用植物，而綜觀人類歷史的各時間點，人類其實只培育了約莫其中的七千種作為食物來源。而今數量又更少了——大約只有一百至兩百種，有些物種開始變得越來越具主導地位。稻米、玉米、小麥占據人類從植物王國攝取卡路里的六十％。其中有個令人不太樂見的結果是，食用植物的野生近親正在退化，這些野生植物具備開發更穩健食用植物的基因，然而其中卻有五分之一正瀕臨滅絕。不幸的是，一九七〇年起，得益於人工肥料及化學農藥，農作物產量增加，但大自然產出食物的能力卻在減少，跨政府生物多樣性與生態系服務平台[8]研究指出，原因是同時期授粉減少及對於天然害蟲、雜草的管控（該組織有時被稱為「政府間氣候變化專門委員會[9]」的姐妹會，是獨立、跨政府機構，彙總全世界環境議題的科學知識）。

牛會食用植物的莖與葉，人類則吃草的產物：種子。稻米、玉米、各種穀類，其實都是草的種子，是為了植物的新芽所設計的天然便當，也是含有大量碳水化合物的澱粉形式——正好，我們也非常擅長消化澱粉。但纖維素就不一樣了，它是構成植物的主要成分，也是我們造紙的原料，但若要我們消化纖維素，可能就不是那麼拿手了。

有時候，我可能太忙或太熱衷工作，完全忘了要吃飯。在奧斯陸的某天，也是這樣的日子：滿滿的會議，激烈地討論著挪威自然的測量狀況，直到我小跑步趕上電車，才有時間享用自製美味雙層起司卷的午餐便當。此時思緒還飄得很遠，忙著思考森林裡藍莓的覆蓋率、參考條件、死亡的樹木。直到我咬下最後一口，才發現大口吞下的不只是食物，還有便當裡分層用的隔離紙，那就是澱粉與纖維質的完美結合。

如果我們人類試著吃下纖維質，困難的地方就在於我們沒有生物性媒介——酵素，無法分解穩固的鍵，也無法吸收營養素。其實，沒有脊椎動物可以消化纖維質，就算是牛也不行，或者說無法自行消化，但牛的胃裡容納了約莫三公斤的細菌、真菌、單細胞生物，其中有些可以從草或乾草轉化出營養素（但是否可以處理三明治包裝紙，在此不予置評）。人類也有豐富的腸道菌群，但我們的構造確實沒有能力分解纖維素。

如果你還有疑惑，例如為什麼我們依舊可以吃進種子以外的植物構造——例如菠菜、沙拉、水果、莓果，以及馬鈴薯這類的根莖類？那是因為它們的纖維質相對較少，更容易攝取到澱粉這類的營養素。我會在第三章討論授粉時，

8 IPBES，Intergovernmental science-policy Platform on Biodiversity and Ecosystem Services。由聯合國環境規劃署組織。

9 IPCC，Intergovernmental Panel on Climate Change。

說明水果及莓果的部分，植物基底的食物可以給我們重要的維生素及礦物質。既然我們已經說了這麼多關於草的事，就讓我們了解這些事實：雖然看起來一點都不重要，你知道美國最耗水的「作物」是草坪作物嗎？這個國家的草坪及高爾夫球場約占美國總面積約一點九%，這些草皮需要的水量，遠比美國農民種植玉米、稻米、水果、堅果的總水量還多。

雪崩式滅絕——消失的大型動物

所以，今日地球上一般人獲取的多數能量都來自植物王國，人類攝取的卡路里有八十%以上取自各種穀物及產物，其他卡路里則來自動物王國——約十%是肉，包括動物脂肪及內臟；其餘是蛋奶類、海鮮。我們吃的肉，同樣源於自然——雖然現在這麼說不是那麼準確，全世界的肉類製品看起來更像是工業製品，不像自然產物。

但讓我們把時間軸往後拉，如果你可以看看歷史的後視鏡，你會看到數百年來，我們的地球曾是巨型動物的家……直到渴望肉食的人類闖了進來。

想想「駱駝」一詞，你想到什麼？穿過撒哈拉沙漠的商隊，是嗎？還是戈壁沙漠荒蕪景象中的反芻動物？但你知道駱駝原本是北美動物嗎？大約就在最近的冰河時期後期，約莫一萬兩千年前，一種叫作擬駝[10]（也稱作「昨日的駱駝」）的生物正緩步穿過如今的洛杉磯及舊金山土地上。在駱駝穿過白令海峽[11]遷徙至亞洲的同時，「昨日的駱駝」也於北美滅絕。

再來說說大象，如果我們穿越到數十萬年前，有長鼻子的動物——長鼻目可是遍布全世界，除了澳洲及南極有古菱齒象（Straight-tusked elephant）、乳齒象（mastodon）、猛獁象（mammoth）。地中海的度假小島上有地中海侏儒象（dwarf elephant），身高大約只有一公尺，和雪特蘭小型馬（Shetland pony）體型差不多。近一萬四千年前，美洲大陸上的哺乳動物群可比現在非洲還多樣。隨著人種擴張，他們用後腿站立，手上並緊緊抓著長矛——畢竟身處

---

10 *Camelops hesternus*，原是北美西部的駱駝，於一萬一千年前滅絕。
11 Bering Strait，亞洲最東及美洲最西部間的海峽。

的世界可是被巨型野獸包圍。

相對較短的時間內，約莫數千年前，有超過一半的大型動物已經消失。劍齒虎（sabre-toothed tiger）、地懶（giant sloth）、大角鹿、美洲擬獅（American cave lion）、披毛犀（Europe's woolly rhinocero）都不見了，到底發生了什麼事？這是引發激烈爭論的話題，但毫無疑問，人類的狩獵行為確實造成了一些影響，或許氣候變遷也有關聯。

在一塊又一塊的大陸上，看見大型動物的消失與人類的發展有著如此密切的關聯，著實非常驚人，如果我們把存在於不同時間點的哺乳類平均體型拿來比較，影響清晰可見。隨著人類足跡到達歐亞大陸，他們讓共享這塊土地的哺乳動物平均體型減半了。就在四萬至六萬年前，人類的活動範圍拓展到澳洲這塊大陸的海岸以後，哺乳類平均體型縮減了十分之一。最戲劇化的是美國：石器時代時，人類手持長矛走過乾涸的白令海峽，十%的哺乳動物跟著消失。最大型的物種承受了最慘烈的影響：所有重量超過六百公斤的大型動物都滅絕了，北美哺乳動物的平均重量，從九十八公斤降至八公斤。

總結這個幾乎深不可測的現象：十萬年前，至少有五十種體重超過一噸的草食動物生存於地球上，如今只剩九種，當時存在的十五種（超過一百公斤）大型掠食者，現在也只剩下六種。

這些變化對整體生態系種產生了深遠影響，而我們甚至才剛開始了解這點——這不僅是足跡難以發覺的物種發生了雪崩式滅絕，更是整體食物鏈及生態進程的重新洗牌。引用過去十年其中一篇科學論文：「直到近日，我們才開始發現人類活動是多麼劇烈地影響地球，而且已經持續許久。」

其中最重要的，是這些巨型野獸對物理結構的影響——也就是生態系統的外觀，無論是茂密的森林還是半開放的草原景觀。在非洲的研究中，我們還是可以透過那些保持完整的大型動物群，來調查研究牠們對生態的影響，我們知道大型動物會傷害、推倒巨樹或踐踏小樹，從而讓森林覆蓋率減少十五至九十五％。從南非克魯格國家公園（Kruger National Park）的研究中可以得知，一隻非洲草原象每年可以推倒一千五百棵長成的大樹，如果巨型動物仍然存活在這地球上，世界上其他地方——如南美，可能會有更開闊的草原景觀。

巨型動物的滅絕，也影響了牠們食用的物種，寄生牠們身上的寄生蟲，進食糞便、腐肉或利用牠們傳遞種子的物種，引發連鎖反應。我舉一個簡單的例子，或許會比較方便理解：大約在一萬年前，拉丁美洲的地懶滅絕後（牠們體型和福斯金龜車一樣大，動作又慢，可能較容易被獵殺，因而可以為許多人提供肉源），酪梨就失去了種子傳播者。酪梨樹長在又熱又潮濕的森林，它們把種子埋在柔軟、淡綠的果肉中，緊緊封在外皮裡。地懶的嘴巴非常大，可以一口吞下極美味的綠色果實，接著，果肉會在牠的消化系統中消化完畢，當種子從後方排出來時，就已經埋在一大坨營養充沛的肥料裡了。

儘管一萬年來我們都在思考這個問題，但酪梨似乎沒有意識到牠的種子傳播夥伴已經滅絕，野生酪梨樹仍不斷產出大如石頭的果實，自然界中的多數酪梨，最終只會落在母樹下，一起爭奪光源、水分及養分。直到人類取代了地懶的酪梨食用者身分。

十六世紀初期西班牙人到達拉丁美洲之前，阿茲特克人[12]已經食用酪梨好幾世紀了。確實，它的名字源於阿茲特克語言：他們稱作ahuacatl，意思是睪丸，顯然是因為它們成對生長，讓人聯想起身體的那個部位。

當你下次在吃酪梨醬時，不妨為其他美味的水果及蔬菜掬把同情的淚吧！它們可能已隨著巨型動物滅絕，我們甚至來不及了解。但如果它們還存活著，也許那些在時髦咖啡館裡的酪梨吐司，就有厲害的競爭者了。

無肉不歡——狩獵行為的過去與現在

我們不知道祖先作為獵人的歷史有多久，但至少已有數百年。這整段時間裡，人類採用簡單的方法捕捉獵物：把動物逼下懸崖或逼進陷阱裡，用尖銳或重物殺死動物，如石頭或長矛。如上所述，這些方法在技術上都沒什麼太大難度，但全都出奇地有效，前提是需要知道獵物的行為、習性，和整體大自然的

12 墨西哥原住民，十四至十六世紀曾建立阿茲特克帝國。

詳盡知識。可如今，這些珍貴的知識正在遺失中。

成功捕捉獵物所需的深入知識，南非仍有一個有趣的例子：住在非洲卡拉哈里沙漠（Kalahari Desert）的桑人[13]，統稱會使用輕彈輔音語音的部落。桑人之中有些部落仍保有舊時狩獵傳統，會用弓箭狩獵，在箭頭上塗抹昆蟲分泌的毒液。

弓箭射擊在人類歷史中出現得非常晚，顯然與七萬年前社會架構劇烈變化有關，這很難記錄下來，但科學家認為，運用塗有毒液的箭或矛，在史前時代是重要的里程碑。毒素一詞，也就是毒藥，源於希臘字詞中的箭及弓：toxon。我們知道原住民會使用毒箭（例如把南非箭毒植物塗抹於箭上的作法），或從神話、傳說故事中得知。希臘神話中奧德修斯（Odysseus）在箭上塗了藜蘆（hellebore）毒；北歐神話中的巴德爾（Balder）就是死於塗有槲寄生毒液的箭——儘管槲寄生毒性不是故事的重點，故事是神后芙麗嘉（Frigga）要萬物起誓，永不會傷害她的兒子巴德爾[14]。

桑人並沒有用藜蘆或槲寄生，但他們發現了「沒藥」（myrrh），一種生長緩慢的樹種，樹脂有甜甜的香氣——沒錯，就是耶穌誕生故事中提到的「沒藥」，朝著根部挖出深洞，可以在那裡找到金花蟲（leaf beetle）的幼蟲，每個幼蟲都有堅硬的繭——用泥土及排泄物做成的睡袋。這些繭會被搜集起來再拆開，幼蟲被擠壓後，含毒的膠液會像護唇膏軟管一樣滲出，用小棒子沾了毒液混合物塗在箭上，就可以開始狩獵了。

我們說的不是小型狩獵遊戲：從長頸鹿到大象都是毒箭狩獵的目標，其毒性也不會讓獵物立即死亡，而是慢慢影響供氧系統。這種狩獵的主要原理是溶解紅血球（紅血球會負責帶著氧氣傳到身體各處），動物會因內部窒息緩慢死去。話說回來，桑人狩獵者會跟著獵物的蹤跡，獵物可能要數小時、甚至是數日才會死亡，所以獵人不僅需要強健的體魄以及良好的耐受度，還必須具備絕

13 San，或稱科伊桑人、布希曼人，是非洲以狩獵採集維生的原住民。

14 北歐神話中，巴德爾屢次夢見自己的死亡之兆，芙麗嘉憂心之餘，要求萬物起誓，永不傷害巴德爾，當時一株幼小的槲寄生因年幼沒有傷害力而未被要求發誓，最後被洛基利用，殺害了巴德爾。

佳的追蹤技巧。

與其他類型的箭毒一樣，有毒物質透過血液進入身體才能奏效，因此食用被毒死的動物沒有安全疑慮——但是如果毒素透過傷口進入身體，獵人也會有危險。

不同的部落有不同的狩獵傳統。有些會採用某幾種幼蟲，有些則會混合有毒植物的毒液。而今，桑人居住地的大多數區域都已禁止這些傳統狩獵法，於是從狩獵文化中觀察與學習的機會也正在消失——包括哪些動物、植物可食用或有毒等等。

即使是採用了這些「原始」的狩獵方法，如我們所見，早期人類仍留下令我們深刻的印象。然而石器時代的巨型動物滅絕卻只是個開始。隨著人口數成長及現代文明發展，我們的食物需求也加速增長——這簡直可以出另一本書來談，但現在只能先著眼於現今食物生產的模式如何影響自然。

放眼現在，全球人類每年平均消耗的肉類是四十四公斤，這個重量等同於四隻小羔羊，是一九六〇年代的兩倍，也就是我出生的年代。我們的肉類消耗產生了極大影響，除了覆冰地帶或沙漠以外，地球的土地面積有一半是用於農業，但其中只有五分之一用來種植最終產品，例如人類食物，其他全都用在家畜身上，例如放牧或製造飼料。

現在，人類幾乎所有的動物蛋白質都源於家畜：我們用「黛西乳牛」[15]取代小飛象的野生長鼻祖先所留下的空白。現在的家畜總重，估計是石器時代之前巨型動物的十倍，單單禽類重量就是全世界野生鳥類總重的三倍。除了面臨生態挑戰，也涉及一系列倫理及動物福利問題。削減全世界最愛食肉地區的肉消耗量，是友善環境且有益於永續食物生產最簡單的方法。

海洋——病態世界最後的純淨之地？

雖然海洋的幅員遼闊——地球表面有七十%以上被海洋覆蓋，平均深度三公里——但海洋卻很容易被人類忽略遺忘。人類尚未看過（或涉足）的海床

15 *Daisy the cow*，美國童書。

比例高達九十五%，但我們卻有火星表面的精確地圖，這地方可是和地球隔著二點六二億公里的寒冷太空。即使如此，沒人能否認海洋為我們提供了重要的物資與服務：不只是魚類和海鮮，還有鹽、包壽司的海藻。海洋也提供支援服務，例如循環養分、調節氣候、水循環，甚至還能產出氧氣——你的每一口呼吸，都要感謝海洋裡的綠色浮游生物。

但你對餐盤裡的魚了解多少呢？牠來自哪裡以及世界上其他食用魚類又來自哪裡？當我開始研究全球數據，發現現在人類消耗的魚量，半數都源自養魚場，而其中又超過半數養於淡水，這著實讓我驚訝不已。這個轉變反映出海洋魚類資源及我們對魚類日益增長的需求。

全球數據顯示，我們每人每年吃下二十公斤的魚。我出生時，這項數據只有十公斤，消耗量緩慢且穩定成長。比起已開發國家，開發中國家的人民飲食中，魚類比例更高，和肉一樣，消耗跨度大——從太平洋上小島國家每人五十公斤到中亞的每人兩公斤。

就和狩獵一樣，捕魚及獵捕海洋哺乳動物也是人類悠久的傳統，嚴重影響生態。聯合國糧農組織（FAO）報告指出，全世界魚類資源中三分之一都是過度捕撈。我們不只改變了生態多樣性，也改變了作為生態系統的海洋。和陸地動物一樣，許多大型海洋生物都受到衝擊，例如食魚性魚類（鯊魚、魟類、劍魚）及鯨魚，也影響了整體食物鏈——引發漣漪效應。

＊＊＊

我小時候住的小木屋裡，姐姐把一張紙釘在床頭，上面寫著挪威作家亞歷山大．蘭格．謝朗（Alexander L. Kielland）的名言：「大海言而無信並非事實，它從未許諾任何事：沒有需求、沒有責任、自由自在，偉大的心臟純潔而真摯地跳動著——病態世界中最後的健壯之物。」

遺憾的是，這一點我沒有把握。海洋不再像以往那麼健康，酸化作用、無氧死區、塑膠微粒——以及過度捕撈漁獲，前三項困境都是新產物，但是當謝朗在他的年代寫下《卡爾曼與伏爾塞》(*Garman & Worse*)時，我們也無法確認一八八〇年代的海洋是否就很健康，畢竟，(掠奪性)捕撈並不是什麼新發明。根據歷史資料，我們所知的例子都很戲劇化。例如北大西洋一項大型魚類研究粗估，大型魚類(超過十六公斤)的總重，已銳減至沒有捕撈時的三%以下；或者比較一五〇五年及一九九〇年加拿大紐芬蘭(Newfoundland)的鱈魚種類，九十九%的鱈魚都已滅絕。

當然，在沒有任何可靠且系統化的數據庫支持時，我們很難記錄長久以來漁獲量的變化，上述這些都是不準確的估計，但也足以讓人印象深刻，在這片水藍色之下，事情並不如預期。

為了完成我們的旅程，全球已有超過四千八百人曾登上地球最高峰——聖母峰，六百人曾到過太空，十二人曾登上月球，卻只有四個人曾到訪地球上最深處——馬里亞納海溝。我們必須接受一個事實，那就是要綜覽數百萬平方公里的海域和住在海裡的生命，根本就是不可能的事情，但這並不表示，海洋有辦法應對發生在它身上的所有事。

我們必須付出極大的努力，讓海洋「純淨又健康」。（在海水及淡水）養魚及其他漁獲可以滿足人類人口成長所需的蛋白質，但並非所有養殖場都能遵守環境標準規範。為了未來能永續捕撈漁獲，各方面都有更多事必須完成：進行適當的配額計算、停止非法捕撈、減少混獲、設置海洋保護區。我們必須試著保護珊瑚礁，牠們飽受海洋暖化、酸化、汙染威脅，卻也比其他海洋生態系統照顧了更多物種。雖然珊瑚礁只占全球海洋的一％，但至少有四分之一的海洋物種曾在珊瑚礁中生活過。即使我們沒有對深藍海洋完整地照看，我們都必須做到、甚至做得更多，確保我們不會結束於知名漁業科學家約翰·古蘭德（John Gulland）描述的場景：「漁業管理是關於海洋到底有多少魚，一場無止境的爭論，直到所有疑問消除，但所有的魚類也都消失了。」

基線偏移症候群：為什麼我們沒注意到惡化症狀？

蝴蝶還記得毛毛蟲知道的事嗎？

——安雅．柯尼格（Anja Konig），〈變形記〉（Metamorphoses），《動物實驗》（*Animal Experiments*, 2020）選集

三十多年前，我開車穿越美國南部各州，直到最南端的西礁島（Key West）。跨海公路橫跨海洋——從佛羅里達州到礁島群，每一段都筆直地連接著礁島群，就像點接點的圖畫，除非用鉛筆畫線把點都連在一起，否則看不出完整的圖案。

除了去看著名的夕陽（被警察粗魯地叫醒，罵我們居然在車子裡待了一整晚），旅程中另一個鮮明的記憶就是歐尼斯特．海明威（Ernest Hemingway）故居，裡面有他的打字機和六趾貓們——海明威船貓的後代，有優雅的基因缺陷。海明威也喜歡魚，或者更精確地說，喜歡捕魚。在一張一九三五年的照片

裡，他曬得黝黑，臉上滿是笑意，和家人排排站在四條被掛著、幾乎是他兩倍身高的馬林魚前。

西礁島長久以來有個傳統，人們會和當天捕獲的魚拍下戰利品合照。如果你把這些歷史合照，依照時間排列，就會看出清晰的模式：最新的照片中，垂釣者的笑容和以前的人一樣開朗，因為他認為他捕到巨魚了，但戰利品卻縮水了。一九五六年至二〇〇七年間，當日最大漁獲已從九十二公分縮水至四十二公分——根據長度及種類估計的重量，也從二十公斤降至微不足道的二點三公斤。如果你問二〇〇七年把破紀錄大魚拖上岸的人，他或許會說：噢，對，他的魚是前所未見的大魚——因為我們患上一種集體失憶症。

你可以描述不記得的事嗎？或是你從未見過的自然狀態？很難吧，這是一種心理現象的核心，涉及自然及「基線偏移症候群」（shifting baseline syndrome）：自然世界狀態偏移、變化的基線。

這個現象描述隨著時間過去，我們如何失去自然「健康狀態」的知識，因為我們不了解實際上正發生的變化。短暫的生命和有限的記憶產生錯誤印象，人類活動如何深遠地改變世界，因為基線會隨著世代改變，有時甚至就是一個世代的事。就像你回想自己還是幼童時，在斯卡格拉克海峽（Skagerrak）或其他地方可以釣到多少魚，肯定會記錯。一般來說，你會降低對周遭自然世界的期望。

一名加拿大海洋生物學家創造了「基線偏移」一詞。丹尼爾・保利（Daniel Pauly）當時正在研究我們最初過度捕撈的食魚性魚類，當時人口過少，捕魚無法盈利，我們的注意力逐漸轉向食物鏈下游。此外，他也有重大發現：他發現漁民及海洋生物學家都靠職涯早期記憶來理解物種及數量——就像那是一個不受影響的參考基準，他們用來作為衡量新變化的基準。因此，他們把越來越貧瘠的生態系統當作自然正常狀態。這就是基線偏移症候群：關於自然狀態的共享失憶，一代接著一代。

讓我們用在海水與淡水間移動的魚來舉另一個例子。今日美國哥倫比亞河中的鮭魚數量，已是一九三〇年的兩倍，這聽起來很棒——前提是一九三〇年是你的基準點。但是，一九三〇年這條河中的鮭魚數量只有一八〇〇年代的十分之一，基準點對已經發生的長期變化給出完全不同的解釋——因此，也就在不同的基礎上理解改變的影響。

基線偏移症候群不是感情用事的浪漫主義，說著「過去的一切總是特別好」，也不是天真地認為我們應該回歸自然狀態，像石器時代的人一樣生活在廣闊、未馴化的自然世界。而是基線偏移的意識，更準確地說，我們評估狀況時，必須為評估行動設置適當的起始點；當我們試著評估地球的極限在哪，就必須採用對的換算基準。

人類卓越的適應力是優勢，但也是缺陷。我們的集體失憶症使我們很難了解自己改變自然的程度，因為我們一直習慣新的常態——無論是擋風玻璃上被壓扁的昆蟲正在逐漸減少，還是森林裡的老樹、死樹越來越少，或是越來越頻繁的極端氣候。這讓人們及政治人物越來越難理解情勢的嚴重性，也很難參與議題。同時，地球的生態系統正衰退得越來越快，我們的基線偏移也成為一大挑戰。

Chapter 3

世界上最響亮的嗡嗡聲

The World's Biggest Buzz

我對咖啡最早的記憶，是在我綁著辮子、穿著防寒童裝的四歲時，蠢到去舔班賽博遊樂場（Bamsebo playground）外圍的金屬欄杆。那是北挪威某個冷到不行的冬日，我的舌頭理所當然的凍僵了。一名托兒所員工跑了過來，把一杯咖啡倒在我凍住的舌頭上，總算救了我。

那是我第一次接觸咖啡，被那杯阿拉比卡咖啡解救後，五十年來，我一直是咖啡的死忠粉絲。而我並不孤單：每天，全世界會有十億杯咖啡被喝下肚。從古至今這種飲品便曾引發對立與讚譽，一九六五年英格蘭國王查理二世（Charles II）曾下令試圖禁止供給咖啡，原因是他認為咖啡廳是培養具有反叛思想的知識分子溫床。半世紀後，作曲家約翰．巴哈（Johann Sebastian Bach）寫下廣為流傳的傑作〈咖啡清唱劇〉（Coffee Cantata），講述一名年輕女孩懇求父親，讓她嘗試一種新鮮、新潮的飲品（女孩唱著：咖啡，我必須喝咖啡……）。

想像一下沒有早安咖啡的日常，或是週末晚上沒有巧克力，歡慶聖誕節時也沒有杏仁軟糖，更別提挪威傳統節日塔可節要是沒有玉米薄餅或玉米脆片

（因為內含葵花油），就只剩下甜玉米算得上唯一的蔬菜類了。如果我們疏於照顧世界上的昆蟲，牠們無法為植物授粉，這就會成為我們的新常態，因為水果、莓果和許多蔬菜及堅果都靠昆蟲授粉，沒有野生昆蟲的幫助，就無法培育蔬果——至少不會是現在的規模及成本。

昆蟲授粉的作物不僅為我們的盤中飧增添風味及色彩，也能提供維生素及微量營養素。因此，授粉昆蟲數量持續下降，其實對我們並不是太好的事——特別是東南亞某些地區，半數植物性維生素A的來源，都必須仰賴動物授粉。

事實上，授粉也是社會公義及團結議題。寮國有三分之一的人民生活於貧窮線之下，不一定能服用維生素膠囊，以彌補缺乏的植物養分來源。許多食用植物都仰賴授粉，也是開發中國家小規模耕種的農民及家族經營農場的重要收入來源，昆蟲為數百萬人的工作及收入打下基礎——這就是為什麼昆蟲聲是世界上最響亮的嗡嗡聲。

花朵與蜜蜂

要理解授粉，就需要先來一些性教育，有點像鳥與蜜蜂[16]的擴大版本——或是挪威語中說的花朵與蜜蜂。我們就從花朵說起吧，因為植物被根困在地面上，它們必須找到不同的繁殖方式，也就是靠身為動物的我們來繁衍後代。番茄或蘋果樹不能到處尋找合適的夥伴，為了確保能延續後代，植物可以在不同的兩代身分間轉換，意思是其中一種可以自由移動以尋求幫助。

一種身分非常顯而易見：有莖、葉、花瓣的綠色生長物，那就是你所想的植物，會這麼想並不意外，畢竟它長得最大也活得最久。綠色生長物接著產出下個世代：體型小、生命週期短的個體，可能是雄性或雌性。雌性個體會被精巧地包裝在植物的花朵中；而雄性個體也產於花朵中，就是我們所知的花粉，這不只是一個個體，小小的粉粒就像植物的陰莖，滿載著基因物質，被非常堅硬的殼保護著（詳見第八章第二二一頁）。要能發生繁殖功用的性行為，就要靠這個微小顆粒找到雌性個體，而且最好是在其他植物身上找到，才能交換及結合基因物質，這正是它們需要幫助之處。

一株把希望寄託於風的植物，如果要把握機會被風帶走，落到同種的另一朵花中，就要產出大量花粉。這對花粉過敏者來說不是好消息，但卻是益於大自然的實例。松柏類、有花絮的植物、草類或似禾草植物，它們通常開著小小、不起眼且通常是綠色的花朵，然後採行大規模的生產策略。

其他植物產出巨大、鮮亮色彩的花朵，則是仰仗動物王國的援手傳播花粉粒，讓它們與雌性個體相遇。這種情況下，昆蟲成了特別重要的物流公司。昆蟲及開花植物遠自數百萬年前的白堊紀時，就是一起進化的夥伴。一開始只是機緣巧合：一隻正在尋找早餐的飢餓甲蟲，發現了藏在玉蘭花厚厚花瓣中，美味、營養豐富的花粉，當牠大口大口吞下花粉及花朵時，部分花粉就黏在了身上。大快朵頤後的甲蟲又繼續悠遊飛行，然後又發現了另一株玉蘭花，於是，第一朵花的花粉來到第二朵花上授粉，平安順利地完成繁殖。

繁衍進程持續進行著，很快地，蜂群也加入了授粉行列：蜂群是特別為開

16 the birds and the bees，是一句英語俗諺，意思是可以對兒童說的基本性知識。

花植物開發的飛行助產士。全世界的蜂群有非常多種，數量約莫二萬種，挪威便有二百種以上。其中約有三十種熊蜂以蜂群聚集的形式生活；七種杜鵑熊蜂（cuckoo bumblebee）會接手群居種的巢穴，把卵下在巢裡；超過一百七十種以上的獨行野蜂（換句話說，牠們不以蜂群形式生活，是和昆蟲一樣獨自生活）；以及我們六隻腳的養殖動物：蜜蜂。蜜蜂幫我們生產蜂蜜，也幫忙授粉，但大部分的授粉工作，其實是其他昆蟲負責。

蜂群有很多共同點，讓牠們非常適合擔任授粉的角色。首先是毛茸茸的身體，而且這還不夠，牠們還擁有分叉的毛髮。這些毛髮放大後，看起來就像小小的羽毛，每根毛髮都有很多旁枝，微小的花粉粒特別容易附著在蜂類身上。其次，蜂群都是素食主義者，牠們只吃花粉及花蜜，年輕的幼蜂——也就是幼蟲，吃的便是這些花粉、花蜜。而野蜂呢，雌蜂負責採集花粉及花蜜，揉成一團後與卵放在一起，作為幼蟲的食物。因為蜂類要找到大量花粉及花蜜來餵養幼蜂和自己，牠們會四處造訪花朵，一路上順便完成了大量授粉工作。

野蜂及其他授粉昆蟲做出了極大的貢獻，而且是無法被人工飼養的蜜蜂所取代的貢獻，全世界許多食用植物及作物都證實了這點。舉例來說，美國一份蘋果種植的研究顯示，每增加一種野蜂，花朵能發育成蘋果的機會就多了一%，而蜜蜂並不會幫忙產出更多蘋果，其中一個原因是野蜂會勤奮地飛往每一棵蘋果樹，蜜蜂則會直接飛向有最多花朵的蘋果樹。

直接仰賴授粉的糧食產出量，其全球價值約是英國政府二〇一六至二〇一七年開支的三分之二。過去五十年來，需要授粉的農作物量已增長三倍，但農產量卻沒有以相同速度增長。其中一種可能的原因是，授粉昆蟲的數量似乎是朝著反方向走：在世界各地近期研究指出，昆蟲個體數量不斷減少，而我們飛行小幫手的多樣性也銳減許多。

讓養蜂人勃然大怒的藍色蜂蜜

數種群居蜂群都會產出蜂蜜，但只有蜜蜂可以產出大量蜂蜜，我們可以靠牠們辛勤地採集來獲取蜂蜜。但這其實是一項艱鉅的工作：蜜蜂得造訪數百萬朵花才能生產出一公斤的花蜜。所以，任何快速又方便的方法都會是很誘人的選項，但發生在現代社會中，就會出現很多問題，例如幾年前，法國東北部的養蜂人在檢視養蜂箱時，看到蜂巢中的蠟並非平常所見的溫暖金色，而是藍色或綠色，這可嚇壞他們了。

緊接著，映入他們眼簾的是紅色蜂蜜，蜂蜜味道沒變，但根本不能賣。數十個受影響的養蜂人認為他們要處理的問題實在太多了，除了這件事，還有蜜蜂疾病及蜂蜜產量低的問題，於是他們開始抽絲剝繭，偵查問題。首先，他們發現蜜蜂的花粉籃裡有不明的亮色物質，隨著採蜜作業一起被帶回蜂巢。養蜂人追查後找到源頭，那是遠在數公里外的沼氣設備，儲存在工廠裡的廢棄物質，那是一間製造明亮色澤的花生巧克力工廠——M&Ms，戶外廠區是一個開放空間，或許才讓蜜蜂認為自己找到了特大且含有大量花蜜的花朵？無論如何，這是穩定、方便的糖分獲取來源，蜜蜂就不需要在蘋果花間飛來飛去了。還好證實問題出在哪後，沼氣設備的所有廢料就移往室內。自此後，法國蜂蜜又重新變回原本的金黃色澤。

這個例子說明了為什麼我對放置糖水、香蕉皮及其他物品在花園，藉此幫助授粉昆蟲，抱持懷疑態度。這些東西會讓牠們分心，無法專注於身為授粉者的分內工作，同時，也會因為太多個體造訪同一個地方，容易成為感染熱點。除此之外，糖水不過是真實產物的贗品——花蜜及花粉的慘白模擬物，在花園播種或種植擁有豐富花蜜的花朵是更好的選擇。還有，請切記：千萬、絕對不要餵食蜂蜜給昆蟲。蜂蜜裡可能帶有潛伏細菌，蜜蜂會被感染，導致牠們生病。美國及歐洲的蜜蜂巢腐病（foulbrood）都以這種方式傳播，這種疾病就像它的名稱一樣，聽起來就很棘手。

一蠅二顧

蜂類以外的物種也有助於授粉：甲蟲、胡蜂、蝴蝶、飛蛾，還有蠅類，在寒冷地區——特別是高緯度、高山區，蒼蠅格外重要。如果你在靠近芬瑟[17]的

17 Finse，首都奧斯陸卑爾根高山鐵路線中的車站，海拔高度一千兩百二十二公尺

山區裡坐著，看看夏季時是誰會停在野花上，就會發現，十隻授粉的昆蟲裡，有八隻是家蠅及其近親。牠們可能不像毛茸茸的熊蜂，有著熊貓般可愛的特色，但這些辛勤的昆蟲卻是最重要的授粉者。

蠅類的存在對溫帶地區也大有助益，尤其是食蚜蠅（flower fly）。牠們很好認，儘管和胡蜂一樣有黃黑條紋，但牠們擁有的小伎倆，一定會讓胡蜂嫉妒得不得了：牠們可以在空中盤旋，看似沒有方向感，但其實像縮小版的蜂鳥——因此又稱滯空蠅（hoverfly），牠們便是運用這個技巧，黏住花朵上的花蜜，也用同樣的「凍結」技能，在空中盤旋飛行，動作最俐落的雄蠅就像街頭最酷的傢伙，成為最亮眼的蠅，就能和雌蠅交配。

遷徙這件事情可不只有鳥類才會，每個春季，至少有五億隻食蚜蠅會飛越海峽來到英國，有些昆蟲也會，一般我們所熟知的蝴蝶及蜻蜓也會遷徙，但研究雷達顯示，春季時也有數十億隻食蚜蠅會進行遷徙，大批食蚜蠅入侵英國是個好消息——而且是非常好的消息。成年食蚜蠅不僅可以帶來遠方異國的花粉，也為廣大內陸提供運輸服務。更重要的是，其後代食蚜蠅幼蟲是貪吃的獵食者，每個夏季都能掃掉三萬億至十萬億隻蚜蟲，從而保護我們的農作物。

這就是為什麼食蚜蠅也可作為控管害蟲的自然方式，成為噴灑殺蟲劑的替代方案。一蠅二顧，換句話說就是：用同一個黃黑條紋相間的身體，就能達到授粉及控管害蟲的效果。幸好，雖然昆蟲數量銳減的壞消息越來越多，但過去十年來，食蚜蠅遷徙的數量仍維持穩定。

巴西堅果與會飛的香水瓶

通常，花朵與各種授粉者之間的關係很開放，不會有特別限定的搭配或組合，許多不同種類的昆蟲都能對同一種植物授粉。但在某些情況下，卻進化出高度限定的相互關係，奇怪到令人難以置信。

讓我們來看看南美洲，巴西堅果樹（Brazil nut tree）生長散布於雨林中，壽命長達數百年，矗立在樹林中，高度更是可達四十公尺。每年的某個時間點，樹的後代就會從令人頭暈的高度墜落地面，就像椰子般的膠囊形式。這些後代重達好幾公斤，雖然非常迷人，但你絕對不會想被砸到頭。

德國博物學家亞歷山大・洪保德（Alexander von Humboldt）曾於一八〇〇年左右在南美旅居數年，以下引用其文：「這些水果，大得像孩童的頭……從樹頂掉下時會發出極大聲響。再沒別的事比欽慕天然運作力量更適合充實心靈。」如頭般大小的膠囊裡面就是巴西堅果，你可以在聖誕節綜合堅果包裡找到它們——長橢圓狀的那些，如果不是一鼓作氣用力敲開膠囊，根本不可能打開它。

我想，如果洪保德和他的旅伴法國植物學家埃梅・邦普蘭（Aimé Bonpland）知曉了幫樹授粉的古怪流程，一定會對巴西堅果印象深刻。巴西堅果樹的花會由一種具神祕美感的生物授粉，牠們閃亮的身體散發金屬般的藍、綠、紫色光影，就像飛行的珠寶，這種昆蟲名叫蘭花蜂（orchid bee），是南美洲、中美洲獨有的蜂種。雌蘭花蜂負責傳遞花粉，而且必須全力以赴，因為巴西堅果花有密封的上蓋，而雌蘭花蜂是少數能擠過去的物種，成功進入藏著花蜜的花朵。這個獨特技藝讓雌蜂獲得食物，也能為巴西堅果樹授粉，然後產出堅果。但這只是故事的前半段。

你看看，雌蘭花蜂有多特別，牠只和氣味美好的雄蘭花蜂交配。由於雄蜂無法輕易衝進香水店挑一罐誘人的香水，必須想辦法讓自己產生香味。因此，當雌蘭花蜂忙著為巴西堅果樹授粉時，雄蜂則是飛過一朵又一朵的蘭花，蒐集香甜的油脂，儲存於後腿的特殊構造中，一個由腿節組成的三角容器——也就是說，那可是個香水瓶。

收集香氣對吸引雌蘭花蜂是非常重要的事。透過製造自己的專屬香水，雄蜂可以確保交配的機會，順利製造蘭花蜂寶寶。同時，雄蜂在花朵間飛行，也能確保花粉傳播到蘭花上，讓它們順利產出種子。

蘭花蜂努力蒐集花蜜及香甜氣味，巴西堅果樹及蘭花都因此受益——人類也因此受惠，能供給巴西堅果給當地居民及出口海外市場。只要窺見幾種物種間複雜的相互關係，你就能了解為什麼巴西堅果無法人工種植，唯有雨林裡所有夥伴的生活條件都獲得保障了，才能締結出蜂類、樹木及蘭花間非凡的友誼關係。

無花果樹與榕果小蜂：數百萬年來的忠誠與背叛

授粉者與植物間另一個相互適應的例子，是榕果小蜂（fig wasp）與無花果樹。牠們之間不僅僅是友誼，也是一種親密的夥伴關係，包括了忠誠、自我犧牲、背叛，就像好萊塢浪漫愛情電影中所說的「愛很複雜」，且讓我們娓娓道來……

無花果樹的花朵非常與眾不同，不是那種會向世界綻放，向所有會造訪花朵的昆蟲展現自己的花朵。這個故事從一開始就很奇怪，因為無花果樹的花裡外相反，樹會產出小小的、淡綠色的、像果實的中空梨狀物，而梨狀物的裡面——或者更精確地說，無花果裡面都是花。

把花朵藏起來似乎很不明智，但無花果樹有個絕妙好招，那就是梨狀物裡有條小路——一條剛好能讓榕果小蜂進去的狹窄通道：已交配的雌榕果小蜂就會從這裡擠進來。通道非常狹窄，雌蜂的翅膀會在通道裡斷掉，因此就會被困在無花果花穴裡度過短暫的餘生。從無花果樹的觀點來看，這也沒什麼，它在意的只有榕果小蜂是否有把其他樹的花粉帶過來，讓被包在裡面的這叢花能夠成功受精。

此時，受困榕果小蜂的前景看起來更加黯淡了。對雌蜂來說，這就像一張人生的樂透彩券：牠要不爬進的是可以提供托嬰服務的無花果，要不就是被騙進一棵會拒絕讓牠育兒的無花果樹。事情是這樣的——聽好了，這就是事情變得複雜的起點，要吃到我們平常吃的無花果，需要兩種常見品種的無花果才能產出。

有些無花果樹產出的中空梨狀物裡有雌性花朵，可以讓內外相反的花叢發育為可食用的無花果。遇到有發育功能構造的雌花，雌榕果小蜂就無法在裡面孵卵。如果牠爬進這種類型的花裡，就輸了這場人生樂透彩，無法繼續原定繁殖計劃——牠被無花果夥伴背叛了，無花果只是想騙牠把有用的花粉帶進來。

幸運的是，對雌蜂來說，這段複雜的關係中，一般無花果樹也有不同品種，例如山羊無花果樹（goat fig tree）。同樣地，這個品種的花叢也是倒過來的，但中空梨狀物裡的雌花沒有生育力，是絕佳的孵育地，裡面有很多產花粉的雄花。如果雌蜂中了大獎，擠進山羊無花果樹中的其中一棵，就能夠為這一大叢幼蜂鋪平道路。當這些新一代榕果小蜂準備好迎接成蜂生活，無花果樹就會從幼兒園變成聲色場所，讓剛孵育的蜂互相交配。

現在只剩下一個問題：才剛完成人生大事的雌蜂要如何保持完整翅膀迎向世界？這時雄蜂又派上用場了，牠們可能眼盲且沒有翅膀，但靠著咀嚼口器開拓狹窄的通道，就能成為贏家，為雌蜂創造寬廣的自由之路。雌蜂在出去的路上，會一路撿拾雄蜂帶來的花粉，當雄蜂死於牠們的出生地時，雌蜂則是飛向世界，尋找新的無花果樹。這場人生樂透彩又重新開始。

這個故事告訴我們，花朵與授粉者間的相互關係可以多麼進步。讓人難以置信的是，需要兩種常見品種的無花果樹，才能產出作物的奇怪系統，人類很久很久以前就知道了，人們會把山羊無花果樹的樹枝掛在可食用品種的無花果樹上，讓事情更能順利發展。由此可知，無花果樹顯然是最早被人類系統培育的品種之一。

現在，我們有時會用完全不需授粉，也不需靠榕果小蜂來訪的品種，產出可食用的無花果。如此一來，你咬下無花果時再也不需擔心裡面藏有死掉的榕果小蜂。能讓幼蟲生存的山羊無花果果肉很硬，難以食用，而可食用的無花果品種中，被困住的雌蜂會被酵素分解後消失。

全球有超過八百種無花果樹，每一種都有專屬的榕果小蜂負責授粉。這種錯綜複雜的合作關係已維持數百萬年：有些榕果小蜂及無花果的花粉化石已有三千四百萬年的歷史，而牠們的合作關係應該至少是化石年齡的兩倍。

喜歡無花果的並非只有我們人類，無花果作為一個物種，被視為熱帶地區最重要的果樹，至少有十分之一鳥類及六分之一哺乳類會食用無花果。如果無花果及榕果小蜂組成的超級團隊，能在遷徙中獲得一些幫助，牠們甚至還能有別的貢獻，例如重建消失的森林。

喀拉喀托（Krakatau）是爪哇及蘇門答臘間火山群的名字，以往數世紀來因為大型火山噴發而惡名遠播。最近一次發生於一八八三年，最大島嶼上的大片面積近乎全毀，據說，火山爆發時發出有史以來最震耳的巨響，摧毀了島上所有生命，但在鄰近島嶼上食果鳥類及果蝠幫助之下，榕果小蜂及無花果種子已經找到回歸的路，無花果樹自此移居於這片貧瘠的熔岩島上。現在約有二十種以上的無花果樹生長於此，也為周邊相伴的物種提供了基地。科學家們備受啟發，運用無花果樹實驗，修復其他熱帶地區日漸衰退的雨林區——結果非常成功。

Chapter 4

貨量充足的藥局

A Well-Stocked Pharmacy

背著外殼的海洋生物、顏色鮮豔的北美蜥蜴、原生林中的常綠樹……這些不同的物種間，共通點是什麼？牠／它們都為我們提供了藥物，拯救了數百萬個生命。

過去幾世紀以來，我們哄著柳樹說出抑制發燒的祕密，讓我們得到阿司匹靈。我們從罌粟那邊得到嗎啡；美麗的毛地黃是毛地黃類藥物的源頭，幾世紀來一直當作心臟藥物運用；亞馬遜的原住民用各種植物混合成箭毒，箭毒在歐洲漸為人知後，西方醫學把它當作肌肉鬆弛劑使用，至今仍用於簡易麻醉。

每年約有價值一兆美元的藥品銷往世界各地，即使現在是高科技、人造的世界，仍有三分之一以上的藥品直接或間接源於自然物種。某些藥品，如抗生素、癌症藥物等等的比例則又更高了：這類藥物約有六十％至八十％都以自然為起點。新藥物的原料仍存在於成千上萬的植物、真菌、動物之中，等待我們去挖掘。

當苦艾對上瘧疾

數千年以來，植物王國一直是藥物有效成分的豐沛來源。目前所知記載藥用植物最古老的文獻，是有五千年歷史的蘇美（Sumer）泥板，上面記載著十二種不同藥物的配方，使用了二百五十種以上的植物，包括好幾種現在已知對中樞神經系統有作用的物質，如曼德拉草[18]、莨菪、罌粟。

許多傳統藥用植物經過幾世紀的實驗及挫敗，才確立了使用方法。這就是研究人類與植物關係及用途的民俗植物學，也是尋求新藥物的好方向。二〇一五年，中國醫學家屠呦呦榮獲諾貝爾醫學獎，因為她發現了青蒿素（artemisinin）的活性成分，可用來治療瘧疾。

其研究發現立基於傳統中國醫學數十年來標的研究的成果，這項計劃研究了兩千種以上的中國草藥，找出可能可以有效對抗瘧疾寄生蟲的潛在活性成分。最終研究小組發現一種淡綠色、茂密的植物，花朵非常不顯眼：那就是青

18 Mandrake，又稱風茄、曼陀羅。

蒿，艾科植物近親，也是所有花粉過敏者的病根；還有一種常見的苦艾，可以當作苦艾膜拜酒[19]的調味品。

中國科學家發現這種植物含有令人雀躍的有效成分，但很難從中分離出來。公元三世紀時，中國中醫葛洪寫下的《肘後備急方》已有一千七百年歷史，屠呦呦及其研究團隊就是從中發現從青蒿中萃取有效物質的祕訣。實驗顯示，青蒿素可以快速且有效殺死最危險的瘧疾寄生蟲（瘧原蟲），雖然會伴隨些許副作用，對很多地方來說，仍是個好消息，因為瘧疾寄生蟲已經對之前的療法產生抗藥性，而現在的療法加入青蒿素，並結合其他瘧疾藥物，瘧疾寄生蟲就更難產生抗藥性。

因為青蒿素的需求量很高，科學家開始想辦法在實驗室製造出來。於是我們的朋友啤酒酵母——奧勒岡州的微小真菌（請見第二章第三十八頁），又成為矚目焦點了。二〇一三年起，製藥公司運用基因改造後的啤酒酵母，忙著在大桶中產出瘧疾藥物的原料，同時，科學家也更進一步努力找出新的、更平價的有效物質製造方式，讓最需要的人能得到治療。

＊＊＊

青蒿素是人類數百年來努力對抗瘧疾的重大突破，超過百萬人的生命被這種微不足道的植物給救活了。換句話說，針對有療效的物種進行科學研究，並保護與其相關的傳統知識，是非常合理的作法。如果我們要區分沒有科學根據的迷信——如食用犀牛角，和可以引領發展新醫學方法的知識，這個作法就非常重要。隨著現代生活方式及普遍都市化成為主流，現在世界各處的這類傳統知識正逐漸沒落，原住民也捨棄了傳統生活方式。

同時，使用權及自然資源專利也是衝突的起源：尊重當地知識與追求利益產生矛盾，經常伴隨著自殖民時代起就令人不悅的包袱。被認定為生物剽竊的案例多不勝數——外國藥廠利用當地傳統知識賺取為數龐大的金錢，而原住民團體中的開發者或當地社群卻得不到分毫好處。

19 cult drink，膜拜酒，由知名釀酒廠或釀酒師產出，數量稀少且非常珍貴。

事情比我們想的都還要複雜，畢竟，誰能真正擁有一棵植物或一隻青蛙的所有權？自然共享產品及服務中獲得的版權及收入，又該如何分配？如今，有一條國際條約設立以規範此事，稱為《名古屋議定書》（Nagoya Protocol），但這仍是一個頗具爭議的議題。

近期涉及另一種潛在瘧疾藥物的案例，是一間法國國有研究機構（Institut de Recherche pour le Développement，簡稱 IRD），這個機構訪問了一百一十七位原住民族代表，以及南美法屬圭亞那居民，尋找能夠對抗瘧疾的植物及動物。在他們提出的三十四種療法中，包括了苦木類（bitterwood）的一種植物。這是一個熱帶植物家族，成員包括臭椿（tree of heaven），被當作觀賞樹廣泛種植於世界各地的城市中，它會欣然地生長於空汙嚴重的路邊（順帶一提，它們像柳樹一樣，雄花與雌花長在不同的樹上，人們會避免種植雄花，因為有難聞的氣味）。而用來治療瘧疾的植物是一種矮小的樹，長著漂亮的紅花，名為苦木（*Quassia amara*）。我忍不住開啟另一段題外話：瑞典博物學家卡爾・林奈（Carl Linnaeus）以格拉曼・奎西（Graman Quassi）之名命名——他是一名從法屬圭亞那鄰國蘇利南來的非洲奴隸及治療師，十八世紀起就開始用這種植物治療發燒。其名與amara一詞結合，拉丁語的意思是苦味，從醫學角度來解釋苦味來源，就是葉子中防止被動物咀嚼的抑制劑讓它發苦。

而確實，法國科學家發現的，正是苦木葉子中的一種新物質，可以對抗瘧疾寄生蟲，名為simalikalactone E（SkE）。二〇一五年，法國國有研究機構申請並獲得了這項物質的專利，但並未讓法屬圭亞那當局參與。在各方大動作指控生物剽竊後，他們才改變立場並同意與法屬圭亞那分享利潤，畢竟，法屬圭亞那才是研究中所有知識及植物原料的源頭。

運送藥用蘑菇的使者

好幾年前，我在北義大利城市裡的街道上，頂著豔陽排著隊，我很想看看冰人奧茨（Ötzi the Iceman）——五千年前死在阿爾卑斯冰川裡的可憐人，他是歐洲銅石並用時代[20]的人，現在就像個乾癟、雙頰枯瘦的信使，躺在屬於自

20 Copper Age，銅石並用時代，新石器時代及銅器時代間的過渡期。

己的溫控箱裡，很從容的樣子。很少有人會像他一樣被如此透徹地分析過：他被照過X光、電腦斷層掃描、用各種想得出來的方式實驗及研究過。

但冰人奧茨最讓我感興趣的，是他身上和身邊的東西，涼爽、光線昏暗的博物館裡有陳列櫃，展示著和他一起被發現的衣物、工具。身為昆蟲愛好者，我好想看看他頭髮和衣物裡找到的鹿蠅、兩隻跳蚤的遺骸。奧茨身上也帶著各種真菌，包括他保存在小小皮件袋子裡的木蹄層孔菌（tinder fungus），可以用來點火或止血，就像簡陋的繃帶。

他還有兩大圈白樺菌菇（birch polypore fungus），都串在一條繩子上。一種說法是這具有宗教、象徵性意義，另一種說法則是用來作為藥物，治療腸道內的寄生蟲。當然，也有人分析了這具倒楣木乃伊的腸道內容物，發現了鞭蟲，一種腸道寄生蟲。雖然從寄生蟲醫學論點來看是備受爭議，但民俗醫學中使用白樺菌菇的歷史確實非常悠久——例如用來阻止細菌生長。新的研究證實，白樺菌菇含有活性成分，可能有藥用潛力，但同時也拋出了新的疑問，那就是這種真菌是否可作為醫學及生物科技的資源。或許我們將會在下一個五千年得到解答。

順帶一提，真菌有藥用潛力並不令人意外。真菌種類極其繁多，生存方式千奇百怪——活在土裡、很難消化的木頭裡、活微生物體內。因此牠們發展出獨特的適應方式，可以為生命帶來的挑戰提供解決方法。

當然，經典的重要藥用真菌就是青黴菌屬。青黴菌屬是盤尼西林的起源，也是最早被發現的抗生素。盤尼西林被認為是過去百年間最重大的醫學突破——也是真菌王國給人類最大的禮物之一。

另一個經常被提及的例子，是免疫抑制藥物環孢素（ciclosporin），器官移植的必需藥物，源於挪威哈當厄爾高原（Hardanger Plateau）土壤中生活的真菌，沙烏地阿拉伯一篇舊文描述那個地方是「挪威南部荒涼無木的高原」，就是那般幽暗。蒐集土壤樣本的瑞士公司如今就靠著陰鬱、荒涼的挪威高原上找到的真菌，每年賺取數十億克朗[21]。

21　挪威貨幣。十億克朗約三十三億台幣。

紫杉低語的智慧

這是死亡與誕生間的緊張時刻
三個夢越過的孤寂之地
兩塊藍色石頭之間
紫杉搖曳的聲音遠去
另一棵紫杉搖動著回應

——T．S．艾略特（T.S. Eliot），
〈聖灰星期三〉（Ash Wednesday）

因為抗癌藥物紫杉醇（taxol）的關係，紫杉樹拯救了無數性命，這種植物就以紫杉樹屬名的拉丁文Taxus命名，在人類神話及文學中也有悠久且複雜的歷史，和它的實際用途一樣。

首先，讓我們把時間倒轉至四十萬年前，英格蘭的埃塞克斯海岸（Essex coast），倫敦東方，開車約兩小時，就是現在的濱海克拉克頓（Clacton-on-Sea）小鎮。在那個時期——更新世（Pleistocene）的間冰期（interglacial period），這裡是一片肥沃的河川平原，一部分開闊，一部分林木扶疏，被落葉植物占據，人們也在此生活。他們和我們是不同物種，雖然還不清楚他們和我們之間是否有近親，可以肯定的是他們被豐富、具多樣性的大型動物包圍，非常遺憾的是，我們永遠無法遇見那個場景。考古學家在那裡發現了骨頭碎片，包含了草原猛獁、古菱齒象、大角鹿、幾種犀牛、野馬、原牛、西伯利亞野牛。而世界上最古老的木製工具：矛的尖頭，也是紫杉做的。

紫杉木擁有獨特的特性，非常堅硬又有彈性。當那些源於濱海克拉克頓的大多數動物都已滅絕很久，而且從歐洲完全消失之後，紫杉仍然是製作武器的材料。有五千年歷史的冰人奧茨也帶著未完成的紫杉木弓，還有裝了紫杉木握把的銅斧頭。

強而有力的紫杉長弓也左右了好幾場戰役的結果，無庸置疑地影響了歐洲歷史，尤其是英格蘭。一四一五年十月二十五日的阿金庫爾戰役（Battle of Agincourt），發生於英格蘭及法國的百年戰爭間，英格蘭弓箭手的箭如雨點般降在規模更大的法國軍隊上，造成無數傷亡，英格蘭因此贏得戰役。同時，歷史學家也認為那一天是人類史上最血腥的戰役。

挪威人也用了紫杉：直至一九〇〇年代晚期，在西邊的霍達蘭郡居民仍用它獵殺峽灣中的小鬚鯨。

現代的紫杉運用則開始於一九六〇年代，用途是治療癌症，美國國家癌症研究所（National Cancer Institute）以及美國農業部合作，致力於從自然界裡找出新的抗癌藥物。光是短短二十年間，他們就搜集並篩選出，三萬種以上的植物。

一九六二年八月的某個大熱天，參與這項計劃的某位植物學家發現自己身在華盛頓州的森林保護區裡，一棵八公尺高、不起眼的紫杉木下，這棵樹是他採集樣本中的第一千六百四十五種植物，就取了淺顯易懂的名字B-1645。樣本被送去分析，從B-1645的樹皮中發現了紫杉醇，是可以阻止癌細胞繼續分裂的物質。但是，能實際運用到病人身上的研究過程仍漫長崎嶇。直至一九九〇年，以紫杉為基底的活性物質被批准可用於治療卵巢癌及乳癌，隨後才是其他癌症。迄今為止，這是有史以來最有經濟效益的癌症藥物，二〇一七年全球紫杉醇市場賺進約八千萬美元（約二十四億台幣），因需求量持續上升，預估至二〇五〇年有望成長兩倍，而這一切全都源於一片樹皮。

但成功也可能是一把雙面刃。太平洋紫杉原本被認為是沒有價值的樹，就像是森林裡的野草。你可能會以為，發現了如此重要的活性物質，情況會有所改變，為這麼重要的樹帶來更好的保護措施。問題是，為了從紫杉樹皮中萃取紫杉醇，樹必須被剝皮，樹還是可以活著、矗立著（然後死亡），但人們實際的作法卻是直接砍樹，因此很多樹被砍了。一萬公斤的紫杉樹皮能萃取出的紫杉醇只有一公斤，換算下來，必須要犧牲三千棵樹——才能應付全球市場非常小部分的需求。更別提其實只有美國西北海岸的自然原生森林才有太平洋紫杉，數量稀少又非常分散，而且還是全世界生長最緩慢的樹種之一——現在你知道問題在哪了吧！

與此同時，隨著紫杉醇越來越廣為人知，用途越來越廣泛，美國西岸及加拿大反對伐木的示威者也越來越多，因為這些森林是豐富、獨特生態系統的基地，除了紫杉木還有很多物種，我們勢必得找出製造活性物質的新方法。起初是從一九九〇年代發展出新的技術，從歐洲紫杉針葉林中產出紫杉醇，這是另一種更常見的樹種。之後，製藥工業發明了完全以實驗室為主的技術，來製造這種活性成分。而太平洋紫杉和數種亞洲紫杉都被國際自然保護聯盟（International Union for Conservation of Nature，簡稱 IUCN）列於紅色名錄[22]上。

挪威的歐洲紫杉生長於寬廣地帶，南部濱海從東挪威（Østlandet）到阿格德爾（Agder），直上至挪威西部。它不在全球瀕危清單之內，但被視為挪威的易危種，因此列於挪威瀕危清單中。莫爾德（Molde）是位於挪威西部的直轄市，以玫瑰、爵士、皇家樺木聞名——一九四〇年四月，哈康七世（Haakon）與奧拉夫王儲（Olav）在尋找庇護所，以躲避德國炸彈時，就曾在這種樹下留影，而莫爾德市也可以炫耀這裡是另一種樹的家——世界上地處最北的野生紫杉。一般情況下，邊緣群體是生長於該種族地理範圍最外圈的個體，有特別有趣的基因特性，這是挪威對此物種採取更好保護措施的另一種說法。如果你夠幸運，能遇上四散於挪威海岸中、一棵生長緩慢的紫杉，要謹記在心，除了漂亮的紅色假種皮和種子外衣，這棵樹上的一切都有毒——人類和許多動物都可能受害，毒物與藥物僅僅只有一線之隔。

也許恰恰是它的毒性，紫杉一直被視為死亡之樹，自古以來深色且終年常綠的紫杉就是墓地常見特徵。在文學作品中，莎士比亞的《馬克白》（*Macbeth*），司命姐妹就在熬製女巫毒藥時加入紫杉。但紫杉也象徵生命與重生，代表生與死之間的轉變。公元前，凱爾特人（Celt）認為紫杉是神木，認為它可以將亡者之聲如耳語般帶到人間，T．S．艾略特也在〈聖灰星期三〉中以詩句呈現耳語：「這是死亡與誕生間的緊張時刻／三個夢越過的孤寂之地／兩塊藍色石頭之間／紫杉搖曳的聲音遠去／另一棵紫杉搖動著回應」。

22 瀕危清單。

紫杉是長壽的樹——一棵在蘇格蘭弗廷格爾（Fortingall）的紫杉，估計已有兩千至三千年歷史，靠近地面的樹枝可以扎根，形成新的樹幹。這件事的象徵意義很大，從紫杉木獲取的活性成分可以說是植物性癌症療法中的首選，因為紫杉醇，紫杉屬為許多人賦予新生。誰知道，如果我們好好照顧它們，世界上的紫杉還會悄悄告訴我們多少祕密呢？

消除糖尿病的怪獸口水

我曾經提心吊膽地看過一部一九五九年出品，長達一小時十四分的黑白恐怖電影。《大毒蜥》（*The Giant Gila Monster*）是一部低成本B級片，描述一隻憤怒而且體型超大的蜥蜴肆虐德州小鎮（順帶一提，這部緊接著《殺人鼴》[23]之後推出，同樣不合奧斯卡口味）。為了美化電影，導演讓一位法國前環球小姐候選人穿上一九五〇年代流行的印花連身裙，卻沒有拍出蜥蜴應有的大小。一隻真蜥蜴從縮小模型中走過去時，意外的成為搞笑畫面，那只是一隻念珠蜥蜴（Mexican beaded lizard），而不是吉拉毒蜥（Gila monster）。

吉拉毒蜥是北美體型最大的蜥蜴，體長約有半公尺，身上覆蓋珠狀鱗皮，橘黑色交錯的美麗迷幻花紋，就像糊掉的蠟染作品。此外，牠也是少數具有毒性的蜥蜴——透過咀嚼傳遞毒液到獵物身上，毒性經過下顎唾液腺穿透獵物。這種生物棲息於美國西南部的半荒漠區，主要以亞利桑那州還有墨西哥南部為主。非法盜獵、建築發展、道路建設都讓此物種的數量持續遞減，現在國際自然保護聯盟將吉拉毒蜥列為近危物種。

吉拉毒蜥有著悲慘的過去，牠們被誤解，而且不受歡迎。長期以來，人們認為牠的氣息有毒，對獵物呼氣就能置對方於死地，人類只要被咬一口就會喪命，但這些都不是事實。據說，和這種生物親密接觸會感到極度痛苦——當你被咬傷以及牠的毒液開始發揮效果時，就像「炙熱岩漿流過你的血管」——一

23 *The Killer Shrews*，同為一九五九年恐怖B級片，二〇一八年推出續集《殺人鼩逆襲》（*Return of the Killer Shrews*）。

名專門在鏡頭前展示被咬、被刺傷的YouTube網紅這麼說道（當毒蜥無預警咬下他手指的一塊肉時，他根本就錄不下去了，小心啊你）。

除此之外，毒蜥唾液的其他影響，是其毒性會在產出胰島素的胰臟發生作用。胰島素負責調節身體中的血糖，如果你患有第二型糖尿病，胰臟產出的胰島素要不就非常少，不然就是無法如常運作。兩者間的連結，激起九〇年代一位研究者兼糖尿病醫師的好奇心，他用美國政府提供的有限基礎研究資金，深入研究吉拉毒蜥有毒的唾液，但他完全沒預料到，令人驚豔的研究結果正等著他。他發現的物質叫作Exendin-4，與人類的荷爾蒙相似。當血糖升高時，Exendin-4會促進分泌胰島素——例如說，飯後直接吃，可以幫助穩定血糖於標準值內——這正是糖尿病患者需要的。

這位科學家做了張海報，敘述自己的研究發現，他帶著海報去了美國糖尿病協會（American Diabetes Association）的年會。就是在這裡，他吸引到一間小型生物科技公司的注意力。十年後，也就是二〇〇五年，這種藥物於美國獲准使用。許多病人用此進行第二型糖尿病輔助治療，這種藥物的優勢是效果持久，不需要經常注射，也可以抑制食欲，幫助糖尿病患者控制體重。二〇一七年，僅僅在美國就開出一百五十萬張處方。幸運的是，對這些飽受威脅的蜥蜴來說，在實驗室裡就能輕易生產出這種活性成分，不需要用活體蜥蜴製造藥物。

從我們的觀點來看，這真是件好事，吉拉毒蜥也正努力地在沙漠中生存下來，在高速公路與建設計劃中擠出生路。而研究證明，牠的唾液還有其他有趣的特性，例如影響記憶的能力。實驗用的白老鼠突然具備了超強的記憶力——聽起來有點像是電影情節，如丹尼爾．凱斯（Daniel Keyes）小說改編《獻給阿爾吉儂的花束》（*Flowers for Algernon*），先是一隻老鼠，再是一個人，接連接受增進智力的實驗性療程。我們在真實世界中還沒達到這個成就，但許多製藥公司正在研究是否可從蜥蜴唾液中萃取物質，用來治療阿茲海默症、帕金森氏症、思覺失調症、注意力缺陷過動症患者的記憶缺失。雖然研究論文指出，目前還需要更多人體實驗，但動物實驗的期中成果已備受肯定。吉拉毒蜥終將從電影反派升級為醫藥新星。

拯救生命的藍血

你可能不知道，如果你曾接受任何注射，就欠這個有著淡藍色血液、長得像中型煎鍋的海洋生物一句感謝，因為牠們負責確保人類使用的注射器內的輸液是否純淨，沒有有害細菌毒素。認識一下鱟（horseshoe crab）這種生物吧，牠們是蜘蛛在海洋中的遠親，過去二十五年來拯救了無數條人命，因為牠的血液能揭露是否有細菌出現在我們不樂見的地方。

鱟在挪威語中被稱為「匕首尾」，甚至比恐龍更早出現在地球上，過去四億年來，牠的外貌與現在相去不遠，多數時間都在海裡生活，只有交配季才會數千隻同時爬上海灘。現存的四種鱟中，有一種棲息於美國東岸，其他三種則是在亞洲。發育完整的鱟，身體會被彎曲的盔甲覆蓋，尾端還會裝上細細、尖尖的尾巴，看起來雖然像匕首，卻不是防禦武器，更像方向舵，讓這種海中生物游泳或行走時能掌控方向。如果在陸地上要把背翻過來時，牠也會用尾巴幫自己翻身。

鱟靠書鰓[24]呼吸，大幅擺動時就像書的頁面，氧氣會在內含銅離子的血液裡傳送到身體各處，銅化合物就是讓血液呈現獨特淡藍色的原因。鱟的頭胸甲均勻分布著十隻眼睛，尾端則有十隻腳，讓牠們可以在紅樹林或淺灘處緩慢行走，也可以幫牠們把食物——各種蠕蟲及貽貝鏟入嘴裡。

中國曾經發現數百萬年前鱟極具特色的腳印，完整的保存於石頭上。鱟是少數「大滅絕[25]」後的倖存者，那是地球第三次大規模滅絕事件，約莫是在二點五二億年前，海洋裡有九十六%的物種消失。起因是西伯利亞大型火山爆發，導致氣溫、酸鹼值及海洋含氧量劇烈改變，但鱟活下來了，於是科學家們跟隨牠們的腳印，看看鱟如何頑強地爬過這場大滅絕。

再把時間快轉數億年，來到我們的時代。想像一間實驗室，裡面有穿著白色實驗服、戴著髮罩、面罩的工人，在長凳上有效率地工作著。長凳上方是一排排的鱟，牠們鉸接的尾段及「匕首」摺疊於身體附近，方便採集心臟附近的

24 book gill，又稱頁鰓，鱟特有的呼吸器官。
25 二疊紀與三疊紀之間發生的物種滅絕，約九十五%的生物死亡。

組織。從這裡，有一條細細的導管流向玻璃瓶，慢慢地被淡藍液體填滿，那是鱟的神奇血液，看起來就像科幻電影畫面（一九七九年《星際大戰四部曲：曙光乍現》中，路克就是喝藍色牛奶當早餐），但這裡是個鱟血庫，人類在這裡扮演著吸血鬼角色。

一九五〇年代，人類初次發現鱟的血液裡具有獨一無二的特性，多虧了兩位充滿好奇心的美國科學家，持續追蹤意料之外的研究發現。研究鱟的血液循環時，其中一人發現有時血液會凝成一團果凍狀，於是他邀請另一位專攻細菌毒性及對血液、出血影響的教授一同研究。

最終兩位科學家發現，如果鱟的血液與細菌接觸，就會立刻凝結成團。即使是一點點內毒素（endotoxin）——活體及死亡細菌上常見的細菌毒素，會導致人類發燒、甚至死亡——都足以讓鱟的血液呈現果凍般的稠度。

由於殺菌方法都無法消除這種細菌毒性，找出發現毒素的辦法就變得相當重要，結果證明，鱟的血液是最好的工具。有了這個活化石身上的血，現在就能測試藥物或醫用設備是否能安全使用。一九七七年，美國衛生單位批准此方法，全世界跟進採用。鱟血液中的凝血劑也被用於測試各種植入物、注射藥物、疫苗——包括COVID-19疫苗，檢查是否有有害細菌汙染物。這可是一筆大生意：一公升可用的鱟血液，價值約莫四十五萬新台幣。

在鱟血上市之前，所有的注射劑都必須透過兔子測試，只是這種作法不僅耗時，且可信度不高，因此這項新發現也拯救了數千隻兔子的性命，但換句話說，北美及亞洲的鱟在生存上也變得更加艱難。

每年要採集五十萬個美洲樣本及不明數量的亞洲樣本，排空血液存進「血液庫」。美國針對這個流程有設立規範：必須設定額度，只能抽出三分之一血量，動物被捕後七十二小時內需放回大海。即使如此，獨立研究顯示，鱟的死亡率仍在十五％左右，也有數量可觀的美洲鱟被捕來當作誘餌。美洲鱟被列為世界瀕危物種中的易危物種（VU）。

在亞洲，鱟的捕撈則不受規範，情況想當然耳更糟。這些鱟很少能在放血後重返大海，反而成了人們的盤中飧。除此之外，牠們聚集的海灘都在開發中，陸續蓋起房子及旅館。因此，所有亞洲種都被列於全球瀕危物種紅色名錄上：一種已經列為瀕危物種（EN），我們沒有另外兩種足夠的資訊，無法放在正確的類別裡（DD，數據缺乏）。

鱟的數量減少，也劇烈影響著沿海生態系統的其他物種。這種生物會在海灘上浪漫幽會，在沙灘上產出數百萬藍綠色、豆子般大小的卵。北美洲的「鱟魚子醬」會為從南美洲飛到北極的候鳥提供重要的能量來源。如果你是一隻紅腹濱鷸（red knot），從南美洲的阿根廷火地群島（Tierra del Fuego）開始春季遷徙，來到達德拉瓦時一定會非常飢餓。但近年來，紅腹濱鷸這種亞種數量直線下降，低於一九八〇年的四分之一。原因之一就是停留地點的食物變少，如德拉瓦的鱟海灘，其他因素還有人工建設、干擾源變多、海平面上升、氣候變遷等等。

我們對鱟血液的需求，無疑為這種古老物種鋪了一條通往滅絕的路——就像苦艾中發現青蒿素、太平洋紫杉中發現紫杉醇、吉拉毒蜥唾液中發現Exendin-4（還有香草蘭屬中的香草香氣），我們對這些植物、動物的需求量直沖天際。今日，所幸我們不再仰賴植物、生物本身獲得所有物質，我們可以從實驗室複製，不僅是化學製程，生物科技也可以。

數千年來，我們人類一直是簡單的「餐飲」生物科技實踐者——用啤酒酵母發酵穀物成為酒，或是用乳酸菌酸化牛奶變成優格。但一九七〇年代迎來極大突破，我們學會剪下、貼上基因，用DNA重組技術或基因剪貼技術。我們可以插入外來DNA到細胞中，「改編」細菌或酵母，例如，為我們自己製造獨特的蛋白質。最近幾年——特別是一些新方法，如CRISPR技術[26]，讓基因編輯變得更好運用、更簡單也更便宜。革新生物科技為醫藥健康領域帶來新選項，也帶來新挑戰，不僅是專業層面，各方面都是，最後當然還有倫理問題：風險是什麼？底線又在哪裡？

對鱟來說，這無疑是個天大的好消息，現在我們可以在實驗室裡，從細胞中培養製造能反映細菌毒素的酵素，所以，不用再仰賴生物了。引進新的測試方法花了很長一段時間，但就在二〇一九年末通過歐盟標準後（從二〇二一年

26 存在細菌中的基因，內含曾攻擊過細菌的病毒基因片段，可利用這些片段抵禦病毒再次攻擊，摧毀DNA。

起開始運用），總算出現一絲希望，最終這個替代方案可以避免鱟的捕撈，不再刺穿牠們的血管。讓我們一起祈禱這一切不會太晚，祈禱鱟還可以再活數百萬年。

蟲中萃取的毒——抗生素的新來源是蟲

你有禿頭的危機嗎？想讓頭髮長回來嗎？試試看，用壓碎的蒼蠅泥摩擦頭皮吧！你有尿路問題嗎？在死去的落葉樹上找到七隻家具甲蟲（furniture beetles），放入牛奶中煮開，然後大口大口喝下。歷史上多的是這種獵奇偏方，用各種昆蟲幫我們解決健康問題。在所有迷信及奇聞中，有些方法也確實有真憑實據。一九〇〇年出版的德國書籍《德國民間醫學中的動物們》（*Die Tiere in der Deutschen Volksmedizin Alter und Neuer Zeit*），其中有一個治療牙痛的方法：「如果牙痛的人能幫躺著的甲蟲，靠自己的腳再次站起來，就能得到緩解。」聽起來很荒唐，而且這些偏方多半無效，但是有些甲蟲確實會分泌具有鎮痛效果的物質。就以吃柳樹的金花蟲（leaf beetle）為例，柳樹有名為乙醯柳酸（acetylsalicylic acid）的有效成分，對我們來說就像得司匹林（Disprin）、熱普落（Aspro Clear）、Caprin[27]等鎮痛藥物。如果你把「很多這樣的甲蟲」翻過來，覆蓋在你疼痛的牙齒上，讓這種物質進入你的神經系統，就可能緩解疼痛。

事實上，昆蟲已被人類證實，可能是未來具有效成分藥物的寶庫，而且有很多足以讓人信服的理由。一方面，昆蟲是極大數量的群體，種類約有五百萬種以上，除了海洋，牠們可以現蹤的地方很多，並與其他物種進行無數複雜的互動——例如吃下柳樹的葉子，變成一種六足頭痛藥。另一種合作更為重要：我們知道許多昆蟲群體會與細菌進行高階化學共生；這些小夥伴製造出抗菌物質（anti-bacterial substances），作為抵抗致病微生物的防禦方式，這與我們仰賴抗生素的形式一般無二。以南美洲螞蟻為例，牠們培養特殊種類的真菌，

27 成分為阿司匹靈的鎮痛藥物。

提供真菌特製的「套房」，就在牠們身體中一個洞裡，能幫真菌遠離其他有害真菌。

另一個例子則是狼蜂（beewolf），這是銀口蜂的一種，更確切的說，是銀口蜂界的挖掘者。第一眼看起來就像一般黃黑相間的有螫蜂，但牠的體型更大，不飛的時候就把翅膀平放在背上。而且銀口蜂才不甘於用死掉的小蒼蠅來餵養幼蜂，牠們的作法就像有螫的胡蜂一樣。不，不只如此，牠們要的是蜜蜂，還要活的。

銀口蜂搜集蜜蜂，讓蜜蜂癱瘓，再帶進巧妙設計的沙洞，把牠們放在通道盡頭的房間裡，三到六隻蜜蜂會被整齊地排列在一起，有點像是你出門工作前，在桌上擺好玉米片和果汁給孩子們當早餐。就在排列好的蜜蜂早餐旁邊，雌銀口蜂會產下一顆卵，當卵孵化出幼蟲，幼蟲會吃下媽媽準備好的食物。雌銀口蜂會設置好幾個這樣的育兒所，隧道裡還有塞滿滿的食物櫃。牠飛進飛出，不斷抓進新蜜蜂，直到每間育兒室都配置了食物櫃。

雌銀口蜂照護責任的最後一步，是油漆育兒室的天花板，「塗料」是一種白色黏稠物，從觸鬚中的特殊腺體分泌出來，雌蜂再從腺體擠出來，就像從牙膏管中擠出牙膏。也許白色天花板是一種緊急逃生訊號，牠的孩子完全長大後，就能找出方向走出隧道。但這種塗料還有很多功能，是超級塗料——能拯救生命的塗料。

研究證實，雌蜂觸鬚裡的白色物質充滿了細菌——而且是「好細菌」，是鏈黴菌屬（*Streptomyces genus*）的合作夥伴。當幼蟲全都吃飽準備化蛹，牠們會把天花板塗料中的細菌統統整合到蛹裡。這可真是個好主意，如果你打算躺在潮濕洞穴裡，周遭的土壤裡充滿各種真菌、汙垢，還要度過整個秋天、冬天、春天，直到夏天來臨，讓一個像鏈黴菌的夥伴加入睡袋非常合理。因為鏈黴菌會產出不同抗生素物質組成的小混合物，與我們人類有時用來預防細菌產生抗藥性的聯合療法差不多。

全球最嚴重的健康問題之一就是抗生素的抗藥性——濫用抗生素導致致病微生物發展出抵抗抗生素的能力。根據二〇一九年的研究指出，歐洲每年有三萬三千人死於抗藥性細菌。另一篇研究估計，到了二〇五〇年，死於抗藥性細菌的人將多於癌症死亡人數：每年一千萬人，是現在的十四倍。如果維持現在的趨勢，我們恐怕會看著孫子和曾祖父母死於相同疾病。

人類使用的抗生素約莫有一半源於鏈黴菌屬，現在看來似乎無法再從生存於土壤的鏈黴菌屬細菌中找出新鮮物質。這時候昆蟲就能幫上忙了，因為同屬的有用細菌，也大量存在於螞蟻、胡蜂、甲蟲、蒼蠅、蝴蝶、蛾和其他蟲類的身上或體內。

最近一組研究團隊檢查了超過一千種的昆蟲種類，想找出對抗二十四種致病細菌及真菌的新活性成分，他們發現在擊退耐抗生素的微生物方面，昆蟲攜帶的微生物比土壤裡的細菌更有效。實驗室測試了一種新的抗生素物質——這是從巴西專門養殖真菌的螞蟻身上萃取得到，從結果看來或許有用，至少，在實驗的白老鼠身上有用。

製藥工業一向如此，獲得成熟藥物的路途總是漫長又崎嶇，但昆蟲給了充滿希望的線索，讓人類有機會得到新抗生素。或許這可以幫我們接受事實：就算把搗碎的蒼蠅塗在頭皮上，也不會得到一頭茂密的秀髮。

當孩子讓你想要嘔吐時

從前從前，有一隻青蛙——一九七三年，一隻看似平凡的灰棕色、黏稠的生物，被困在澳洲雨林的小溪裡。這是真的，科學家認為這可能是新物種，但在這個擁有二百四十種兩棲類的國家，這並不是什麼稀奇的事（順道說一下，英國只有寥寥可數的七種）。這隻青蛙是隻雌蛙，有著特別大的鼓膜，被安置在實驗室水族箱裡。青蛙被捕捉的十九天後，正要被移往新水族箱時，發生了一件讓科學家大吃一驚的事，牠突然反胃吐出六隻蝌蚪，幾天後居然長成完整的小青蛙。

忽然之間，這隻青蛙變得非同凡響。相反地，牠成為我們所知世上唯一會吞下受精後的卵，用胃當子宮的物種——因此人們幫牠取了再適合不過的名字：胃育蛙（gastric-brooding frog）。胃育蛙會在媽媽的胃裡生活六至七週，利用這段期間從卵發育成蝌蚪，再成為小青蛙。當牠們長得差不多了，就會在幾天內被吐出來。這段期間，媽媽不吃東西，也不會製造胃酸——如果牠做了這兩件事，孩子就會死在牠的胃裡。換句話說，我們現在所說的這個物種，可以自己決定是否分泌胃酸，需要時可以改變器官用途。這就是醫學科學感興趣的地方：我們是否也可以找出人體中能調節製造胃酸的物質？或是找出如何改變器官用途的線索，好來做別的事？

其他科學家捉到更多雌性胃育蛙，記錄下這個非凡現象，並在實驗室安排攝影。當母蛙被移出水族箱拍攝家庭照時，牠的腹部肌肉收縮，突然吐出一串小青蛙——降落在六十公分之外，參與的科學雜誌正式地稱之為「噴射性嘔吐」。其他小青蛙到了出口又回去——科學家看到牠們從媽媽打開的嘴裡露面，之後又調轉步伐，再次被吞下。或許牠們只是不喜歡眼前所見，又或者牠們隱約知道等著自己的是什麼。

如果是後者，牠們拒絕跳出來也不意外了。這些關於胃育蛙的早期文章，時態都還是現在式，如今讀來令人傷感：「胃育蛙是水生蛙……」和「胃育蛙只在限定區域現蹤……」，現在已經看不到胃育蛙，也找不到了。儘管做了深入研究，一九八一年後還是無人能找到任何一隻胃育蛙，國際自然保護聯盟已宣布滅絕。也真夠諷刺，僅僅幾年後就在同一區域發現牠的近親物種——那也是一隻胃育蛙，但現在也滅絕了。這代表醫學科學已經沒有機會研究胃育蛙的構造，永遠不知道牠帶給我們的醫學發現是什麼。想到我們目前發現能拯救生命的藥物，都源於更常見的物種——例如中國的苦艾、美國的吉拉毒蜥，這真是悲哀的想法。

沒有人說得出胃育蛙消失的原因，或許是牠居住的小溪旁有人類在伐木，或是野草和家豬等侵入性物種躲進野外，或是威脅全世界兩棲類的蛙壺菌[28]造成。整體而言，根據自然小組（Nature Panel）研究，超過四十%的兩棲類都處於滅絕危機——幾乎是鳥類（十三%）的三倍。

有些科學家渴望翻轉這個澳洲小怪胎的滅絕危機。他們從遺留在某些實驗室冷凍櫃冷凍的蛙腿（和其他身體部位）萃取出胃育蛙的遺傳物質，植入近親蛙類的卵裡，希望可以讓胃育蛙起死回生。不過迄今為止，這個被命名為「拉

28 *Batrachochytrium dendrobatidis*，是一種壺菌門真菌，於一九九八年發現後造成兩棲類大規模死亡。

薩路研究計劃」（Lazarus Project）只產出了一組細胞。不可否認，這作法和概念很有趣，但我和其他人認為，我們應該優先保育仍活著的物種及牠們的棲息地，再投入大量資金於生物復活計劃。你或許不會因為把時間貢獻在老生常談的環境保育上，而獲得慷慨的研究資助或享有名望的獎項，但你卻可以拯救更多物種。

迷你水母與永生之謎

胃育蛙應該從水螅蟲（hydrozoan）相關的書中汲取教訓——牠們是知名海月水母及螯人水母種類嬌小脆弱的近親——牠們之中有些種類幾乎可以永生不死。燈塔水母（*Turritopsis dohrnii*），又稱「永生水母」，就可以不斷重生，是醫學科學界非常感興趣的實例。

就像其他多數相似的水螅蟲類，燈塔水母初生時是體型小、能自由漂浮的幼蟲，被稱為實囊幼蟲。實囊幼蟲會把自己貼在海床上，開始長成水螅體，起初看起來像一小叢灌木，但最後看起來會像一堆盤子。當時機成熟，這些「盤子」就會鬆動，成為傘狀的水母漂走。事情發展到這裡為止，一切都還很正常，但燈塔水母與一般水母的行為模式不同——長大、成熟、繁殖、死亡，燈塔水母可以跳回水螅體階段，重生一次，然後一次又一次。牠們唯一要做的事，就是不被吃掉，因為這會讓永生循環戛然而止。就像一隻雞捨棄了成為成熟母雞的想法，回頭再當一顆蛋。

就像沒有人相信科學家說他們發現了一隻在胃裡孕育蝌蚪的青蛙，一開始也沒有人相信科學家說他們發現了永生水母，因為這種事根本不可能發生。在生物生命的起點上，所有的細胞都相同——也就是所謂的幹細胞，一般而言，隨著個體成長，細胞也會專門化且無法再回復成幹細胞。但是在燈塔水母這一例當中，這卻是確切發生的事。

科學家認為，特殊水螅蟲類可以教我們如何控制細胞，如何讓身體修復受損組織。最樂觀——也是從一開始就研究燈塔水母的科學家，是一名年長的日本學者久保田信（Shin Kubota），他還是全世界唯一成功讓燈塔水母在實驗室條件下生存最久的人。他認為，生活在海洋裡的燈塔水母或許能解開永生之謎的謎底，所以致力於推廣這一塊小小的果凍體——甚至還在YouTube上做了一首歌紀念牠們。

就像陸地上的昆蟲沒有被研究透澈，我們對海洋裡的海洋無脊椎動物也研究得不夠多，許多科學家認為這就是未來我們將找出新藥物的地方。過去五十年來，人們從海洋物種中找出超過三萬種潛在有效藥物成分，取得超過三百個專利。二〇一九年，經過一年目標搜索後出現新消息，挪威特羅姆瑟（Tromsø）研究團隊在另一種小水母[29]身上發現一種全新分子，可以殺死乳癌的侵略性細胞。海洋細菌及海洋真菌（有數百種生活於海洋環境中）是另一個值得研究、令人期待的群體。

全世界最悠久的文學名著《吉爾伽美什史詩》（*The Epic of Gilgamesh*）中提到，人類的永生之源是長在海床上的帶刺植物。雖然燈塔水母是動物不是植物，且無法確定是否可能達成永生，或者人類是否真的渴望永生？這些超過三千年歷史、刻在泥版上的神話還是有點道理：海洋無庸置疑的有著可能改良或延長生命的物種。

保衛自然藥局的根基

穿山甲是如同貓一般大小的哺乳類，全身覆蓋棕色大鱗片，就像一顆活生生的松果一樣。牠們有著長長的舌頭，但幾乎沒有什麼功用——舌根在骨盆，不在嘴裡，牠們用長長的爪撕開外層，從塔裡或隱藏的洞裡挖出螞蟻和白蟻。除此之外，穿山甲是溫和的生物，大都在夜間行動，牠們甚至沒有牙齒，是用胃裡的角質刺消化白蟻大餐。

但是二〇二〇年春天，突然抓住全世界媒體新聞部注意力的並不是穿山甲的結構特性，也不是這種特殊哺乳動物正在滅絕邊緣的危機——八種亞洲種及非洲種都備受威脅，列於紅色名錄之上，也在《瀕臨絕種野生動植物國際貿易

29 學名為*Thuiaria breitfussi*。

公約》[30]國際物種數據庫中的禁止非法貿易清單上。以上皆非，穿山甲一夕成名，是因為涉嫌在新冠病毒從蝙蝠傳染到人類的途中扮演要角。

有人可能會問，一個數量直線下滑的受威脅物種，如何和人類有近距離接觸，成為潛在的感染媒介？答案就在於迷信。在中國，穿山甲的殼曾被拿來製作盔甲，而至今仍在販賣穿山甲的原因，是根深柢固的誤解，人們認為穿山甲殼具有藥性，此外穿山甲肉也被用於高檔菜餚中。因此，亞洲戶外市場很可能同時出現活體及死亡的穿山甲，這就是為什麼人們認為穿山甲也是散播新冠病毒的幫兇。

我們只能希望由此引發的注意力，能為這種哺乳動物帶來一些繼續生存的機會。無論怎麼從人類健康及動物福利的觀點來看，新冠病毒危機確實把焦點移到販售活體生物的傳統市場所面臨的挑戰。除此之外，二〇二〇年六月穿山甲已從中國官方核准藥物清單中移除。

儘管穿山甲享有非常值得懷疑的榮譽，牠是全世界最多非法交易的生物，但在這項統計中，牠們絕非唯一的物種。非法交易易危物種及罕見物種是十億美元的產業，通常屬傳統藥用或寵物飼養。非法交易商品中，受威脅物種中的動物、動物器官、木材及植物產品，以及毒品、武器都名列前茅。非法交易和毒品市場都一樣有利可圖，但被抓到的風險低了許多。國際貿易及行動電話讓非法交易變得更容易操作，又更難被發覺，且範圍仍在擴大。亞洲國家新興的中產階級是特別熱衷於此的買家，但歐洲也在這場交易中扮演重要角色，尤其是許多交易當中的環節。

二〇一九年六月，國際刑警組織（Interpol）及世界海關組織（World Customs Organization）組織了一場打擊非法交易的聯合行動，僅僅二十六天內，他們沒收了數支犀牛角、數百公斤象牙、二十三隻活體靈長類動物、超過四千隻鳥（很多活體被塞在瓶子裡，嘴被膠帶纏住）、近一萬隻活體烏龜和一千五百隻活體爬蟲類。順帶一提，非法貿易中野外捕捉到的爬蟲類死亡率相當高，幾乎可與插花用的切花相較。

30 Convention on International Trade in Endangered Species of Wild Fauna and Flora，簡稱 CITES。

另外，他們還沒收了三十隻大貓，包括藏在墨西哥貨車車廂裡的白老虎幼獸——或許當時正在前往美國的路上，美國私人擁有老虎的數量，顯然超越了全球野生老虎的總數，這種情況非關醫學使用，而在於社會地位。不管你信不信，單單德州統計就有兩千至五千隻老虎被圈養，就像過度繁殖的可憐街貓（Netflix拍攝的影集《虎王：謀殺、混亂與瘋狂》〔Tiger King: Murder, Mayhem and Madness〕，是二〇二〇年春季串流影音中最多人觀賞的節目之一，揭露了許多生物生活在悲慘且不人道的環境中）。據說現在全世界野生老虎已少於四千隻。

過度捕撈及非法交易只是全球生物多樣性受到的威脅之一，其後是日漸萎縮的自然界及被毀損的棲息地、氣候變遷、物種遷徙、各種汙染。無庸置疑的是，我們可以從自然中找到的活性藥物成分中了解很多事情，卻也持續讓這些物種蒙受威脅，一切只是肇因於個人利益，而非更遠大的益處。我們也即將進入新世代，可以用生態知識找出自然界中的新的生物活性物質，同時從實驗室中製造出來，我們有機會在製造藥物的同時，也不遺餘力地保護野生動物。但要實踐這一點，必須意識到對於保護新發現的源頭，我們必須做得更好，也就是：物種多樣性。根據統計，現在每年我們都失去一種重要的新藥，因為我們不尊重與地球自然藥物的交易。

Chapter 5

纖維
工廠

The Fibre Factory

製藥產業並不是唯一在自然界找尋原料及活性成分的產業，工業及科技產業也在做同樣的事。你的日常生活中，其實被各種植物及樹木產出的纖維包圍；你穿的衣服、家裡的壁紙、你的書架、書本等等，還有寒冷冬日裡溫暖客廳的柴火——這些都源於大自然的纖維工廠。

但自然纖維也有別的用途，只是相較之下沒那麼明顯：例如香草冰淇淋的調味，或養殖鮭魚的飼料。我們可以從蛛絲馬跡中找到很多資訊，尤其樹木與真菌間的交互作用，這些過程就像一盞明燈——直接或間接地發著光——啟發運用自然纖維的新方法。

從毛茸茸的種子到人人愛的布料

你聽過錦葵（mallow）嗎？你是不是在想，那不就是你在營火旁邊烤的棉花糖[31]。不，這是一種植物屬。當你讀著這段時，很可能正穿著錦葵屬所做的織品。這是一種綿延不絕且貫穿人類歷史的纖維——歷史最悠久的纖維品是從巴基斯坦八千年前的古墓中發現，從工業革命的種子至今日破壞環境的織品工業。沒錯，我說的就是棉花，全世界最廣泛使用的織品纖維。

我們不知道棉花最早是在哪裡種植，但我們知道世界各地各自運用過不同種類的棉屬植物——包括梅赫爾格爾（Mehrgarh）文明，就在今日的巴基斯坦。梅赫爾格爾是南亞最古老的考古遺址，在此發現的農業及畜牧業遺跡可回溯至公元前七千年。

這裡的人類墓穴教了我們很多事。舉例來說，我們在這裡找到全世界最早的牙科藝術遺跡：九個可憐的人——四名女性、兩名男性和三個不明性別者，他們的牙齒有明顯被鑽過的痕跡，顯然是某種燧石工具。在另一個更久遠的墓裡，躺著一名成年男性和年約兩歲的孩童，男子左手腕上戴著八顆銅珠的串鏈，研究顯示每顆銅珠都有棉纖維殘留物，也就是串起珠子的纖維殘留物；這就是最早人類使用棉花的例子。

31 錦葵的英文 mallow 與棉花糖 marshmallows 字根一樣。

同樣讓人著迷的，還有六千年歷史且保存良好的文物，那是一片藍白相間的棉織物，來自世界另一端：祕魯。這裡的人們會用棉花做成魚網和織品，棉線上的藍色顯然源自靛藍植物製成的染料。

綿羊毛在歐洲非常有名，但棉花必須仰賴進口，或許是因為中世紀歐洲人很少看過棉屬植物，有奇特的傳言說棉花產自長毛的綿羊植物，長在亞洲的偏遠地區；這個傳言的另一個版本敘述它是綿羊與植物產出的繩球混合物：傳說一隻活的真羊坐在粗壯的莖上——棉花是肉、血與羊毛做成的東西。這個莖是由枝梗與臍帶結合，非常有彈性，只要莖可以伸到的地方，綿羊就可以吃到地面上的草。這個迷思一直到十八世紀才被消除。

在近代歷史中，棉花也扮演重要角色。想想棉花在美國種植園奴隸制或英國工業革命的地位，正是從此時開始，人們使用紡紗機產出棉花織品，例如珍妮紡紗機[32]。

你穿上牛仔褲時，其實是穿上了乾果做的長褲，棉花纖維就是長在棉花屬植物種子外長長的白色纖維。每根纖維都是單一長細胞，一顆種子可以產出一萬至兩萬根種子纖維。很多植物或種子上都有纖維——想想羊鬍子草或蒲公英毛茸茸的頭，但棉花的性質非常獨特。全世界所有植物纖維中，唯一在乾燥狀態下能結合長度、韌度及立體結構的就是棉花纖維，能紡成棉線或紗線。也就是說，我們也可以從植物的莖或葉做成織物，例如亞麻、漢麻或竹子。

棉花纖維可以吸收自體重量二十五倍的水，乾燥後會變得更強韌。因此我們不單單用於衣服上，還有繃帶、布衛生棉、毛巾——以及鈔票。印有鱈魚及維京船的挪威紙鈔就印在棉紙上，挪威銀行認為這種作法更具安全性。

現在所有生產出來的織物，半數以上都含有棉花。過去三十年來，種植棉花的面積一直維持在全世界農耕土地面積的二點三%，同時採用集約耕作，產量幾乎雙倍成長。但生產棉花的方式對環境並不友善，要使用很多的水、肥料及農藥——棉花屬是非常需要水的植物：至少一萬公升的水才能產出一公斤棉花織物，才夠做一條牛仔褲和一件上衣。

32 Spinning Jenny，英國十八世紀發明的現代機械紡紗機，被視為工業革命的一大成果。

單看殺蟲劑的銷量，有整整十四％都用於種植棉花（二〇〇九年的數據）。更重要的是，現在種植的棉花都經過基因改造——此過程的後續影響極具爭議。同時，大規模種植棉花為許多人帶來穩定工作與收入：超過二點五億人從事棉花產業，如果再加上紡織工業就更多了。現在的挑戰是如何將製程改良，對環境更加友善，減少用水和化學藥劑。畢竟人類已使用棉花近八千年，不太可能即刻淘汰，儘管英格蘭銀行（Bank of England）已經開始用塑膠取代紙鈔中的棉花含量。

溫暖的家

二〇一九年夏天，當時我正擔任枯木生物多樣性課程的老師之一，那是挪威與俄國大學的合作成果，舉辦於俄國佛羅尼斯自然保育區（Voronezh Nature Reserve），靠近俄國西南方同名城鎮。在這趟迷人的旅程中，我搭了俄羅斯夜間火車，也認識許多可愛的朋友，對我來說有兩件樂事：去看了雄性鍬形蟲——這些體型碩大的鍬形蟲有快比身體還長、巨大的大顎，清楚地展示在老橡木的樹幹上；還去參觀當地的早期人類歷史博物館。

柯斯坦基博物館（Kostenki Museum）的外觀一點都不壯觀：四四方方的建築物，看起來就像挪威會用來堆放物資的倉庫，而且坐落的地點彷彿是從天堂掉落下來，直接落腳俄國村莊中央，在一片拼拼湊湊的小房子和一小塊土地中間。但，可別被外表騙了，博物館可是蓋在另一個已經存在兩萬年的建築物上，過去那段時間，這片區域是一片大草原，被永凍土緊緊地覆蓋著，那時候幾乎連一棵樹都沒有。那麼，當時的人類是怎麼蓋房子呢？當然是猛獁象的骨頭囉。

在柯斯坦基的這座博物館裡，我盯著圓形房子挖出的遺跡，或者說是帳篷，用骨頭做成的帳篷。各種部位的猛獁象骨頭堆疊成骨架，用堪用的木頭加強，再用馴鹿皮覆蓋，形成帳篷[33]。柯斯坦基（烏克蘭語是「骨頭」的意思）

33 此處提到的是名為lavvo的帳篷形式建築，是北歐極端北部薩米人蓋的臨時住所。

這一帶是歐洲目前發現時間最久遠的人類建築。四萬五千年前，猛獁象獵人確實在此生活，這一區曾經到處都是猛獁象及類似人類的遺骨。

骨頭、獸皮、木頭等建築材料就是自然界具體產品與服務的例子。挪威自石器時代以來的坑房——木頭及草皮的凹式房屋結構，就一直使用木頭為建材。挪威有許多石器時代住所的遺跡，比北歐其他地方保存得更好。二〇一七年一篇博士論文指出，有些房屋保存良好且又持續使用了一千年之久。

其後，更多先進的技術出現了，用木質柱子當承重結構——就像青銅時代及鐵器時代的長屋，和我們認為建於挪威的一千座木板教堂（現在剩二十八座）。中世紀時期，原木建造技術已經完全成熟，後來發展起來的城鎮裡，挪威人仍用木材建造房屋，且持續到一九〇四年。然而，木造房屋有很大的缺點：易燃。一九〇四年一月二十三日星期六凌晨一點四十五分，奧勒松（Ålesund）鎮上罐頭工廠的火災警報響起，十五小時後，一萬多人因祝融之災而無家可歸，整個歐洲都為這場浩劫伸出援手——從德意志皇帝到法國女演員莎拉·伯恩哈特（Sarah Bernhardt）均在其列。奧勒松這場火災推動一條名為「Murtvangloven」的新法，規定挪威城鎮區的房屋必須以石材建造。

鑑於目前我們關心環境的程度，以及新建築技術提升防火功能，在挪威及世界各地，以木材作為建築材料的方法正再次興起。因為混凝土產出的二氧化碳占全球八％，尋求更具永續性的建築材料是燃眉之急。二〇一〇年日本推行新法，所有低於三層樓的新建公共建築必須強制使用木材建造，但樓層數沒理由限制得這麼低：木材其實可以蓋得更高，全世界最高的木造建築之一位在中國，是一座六十七公尺高的廟宇，自一〇五六年一直矗立至今，還曾歷經數次大地震。

如今所謂的木造大樓[34]成為建築界的一股熱潮。現在挪威自豪著擁有全世界最高的木造建築：坐落於挪威東部布魯蒙達爾（Brumunddal）的梅耶斯塔（Mjøs Tower），二〇一九年完工，共十八層樓，八十四點五公尺高。現在其他國家都在評估類似建築的可能性，誰知道梅耶斯塔的紀錄能保持多久，但木

34 原文Plyscrapers是由「三夾板」（plywood）和「摩天大樓」（skyscraper）組合成的新詞。

材最原始的原料仍是這項紀錄的保持者：世界上最高的樹，是加州的一棵紅衫，它穿著襪子的長腿有一百一十五點八六公尺。

真菌燈的光

親愛的，
今晚我藉著五顆蘑菇的光寫信給你。

——美國戰地記者於新幾內亞寫給妻子的信

偶爾夠幸運的話，我就能參與挪威國家廣播電台製作的廣播節目「Abels tårn」（以挪威知名數學家尼爾斯．阿貝爾〔Niels Henrik Abel〕命名），這是非常受歡迎的科學節目，聽眾會提出問題，再由我們解答。二〇一九年春天，來自挪威西岸克里斯蒂安松（Kristiansund）的九十五歲聽眾提出問題，他在十六歲時正逢二次世界大戰爆發——就是那時，他看到一件永遠無法忘懷的事。一九四〇年德軍入侵挪威時，克里斯蒂安松遭受大規模燃燒彈轟炸，淪為一片冒煙的廢墟。就像城市裡其他居民，這名男子被疏散到附近的圖斯特納島（Tustna）。正是在那裡，伴隨著轟炸機在頭頂呼嘯而過，他看到了往後七十九年不斷回想的畫面。

故事是他在村落散步，晚上才回到農場。當時他把腳踏車移到車棚，看到角落木材堆裡有奇怪的光：「離地板三十公分高的地方，木頭都在發光，印象中那些光帶點藍色光澤，我想起那些東西似乎是活的，就像在閃爍。那些光很美，看起來很神祕，只有底部三十公分處發亮，其餘木堆都很正常。」

我認為這個現象一定源自散發磷光的木材，真菌就是奇特光芒的源頭。雖然真菌不能行光合作用，某些物種偶爾卻會反其道而行，例如木材會產出二氧化碳——和光。光來自承載能量的分子，稱為螢光素（luciferin），名字源於拉丁文lucem ferre，意思是持光者——雖然現在我們常常把這個詞和墮落的光之使者、魔鬼路西法（Lucifer）聯想在一起。當螢光素遇到螢光素酶，就會釋出光能量。

我們已知七十五種會發光的真菌，大多數都生長在熱帶地區。同樣具生物發光性的還有其他生物，包括螢火蟲及其幼蟲階段，還有很多海洋生物，尤其是住在海洋深處的生物。海洋中許多生物都靠光來溝通、吸引獵物或嚇跑敵方。真菌發光的目的就沒那麼清楚了，有些人認為發光有助於吸引昆蟲，幫助散播真菌孢子；其他人認為不如說發光能嚇跑真菌獵食者；第三種可能性是光只是個副作用，沒有任何明確的生態功能。

生物體產出的光線特殊性在於冷光，不會散發熱能——不像燃燒的木材或被加熱的金屬，就像白熾燈的燈絲。畢竟，自體燃燒一點都不合理。

過去這種冷光非常實用，尤其人們想點亮某個不適合明火出現的地方時。十六世紀北歐地區的古老歷史作品中，敘述人們使用腐爛但發光的成捆橡樹皮，照亮黑暗中的乾草棚，其實非常合情合理。

戰爭時證明了這些散發磷光的木材確實有用。一次世界大戰時，壕溝裡的士兵會在夜間把發光的腐壞木材綁在帽子上，避免在黑暗中撞到別人；二戰期間，美國士兵在亞洲叢林夜間巡邏時也一樣，確實有一位美國戰地記者在駐新幾內亞時，藉著五顆發光的蘑菇寫信給妻子。

其他時候，發磷光的木材其實是個麻煩鬼。二戰期間倫敦實施燈火管制，泰晤士河畔的木材廠實在太明亮，守燈人只好用防水布把發光木材蓋起來。

另一個用磷光木材的奇特例子，要追溯至一七七〇年代的美國獨立戰爭。美國發明家大衛・布希內爾（David Bushnell）設計了海龜號（Turtle），全世界第一艘潛水艇。計劃是用潛水艇潛入水下，把炸彈貼在敵軍的船上，以攻破封鎖波士頓港的英軍。一七七五年的一封信上，敘述了在潛水艇中如何運用發光真菌：「潛水艇內部設置了氣壓計，這樣就能知道他在水下多深的地方；還有一個指南針，可知道他正駛向何處。氣壓計和指南針指針上都有真菌種的藍綠色光芒，就像黑暗中發出光線的木材。」老布希內爾的創造力值得嘉許，可惜發光木材沒那麼好用。之後的信件中，他寫著指南針指針上的真菌已不再發光。顯然，對於磷光木材碎片中的真菌而言，潛水艇內的環境太乾或太冷了。

***

我們所知能發光的真菌之一是松蕈屬（*Honey fungus*），廣泛分布於整個北半球（順帶一提，這個屬可能是全球最大的個體生物：奧勒岡州長在地下的松蕈，涵蓋面積約十平方公里）。松蕈屬可以像寄生蟲一樣長在樹上，在樹皮下形成黑色、數公尺長的繩子，看起來像扁平的甘草鞋帶，發光的部分集中於黑色鞋帶的繩頭。

以挪威的緯度來說，這可能就是發磷光木材後面的真菌，那位聽眾一生都在疑惑：一九四〇年那個春夜裡，點亮車棚的到底是什麼？我能給他的答案也是松蕈屬真菌，我個人認為木料堆裡的木材都新鮮且潮濕，長滿了松蕈屬菌絲和帶狀物。漆黑的車棚和帶光的真菌，讓一名少年瞥見難忘的自然奇蹟。

雞油菌的聰明表親

多年以來，我一直在尋找發光的松蕈屬，但總是徒勞一場。同時，我很喜歡食用菌類，也是豐富經驗的來源。在漂亮的林地裡來一場秋季採菇之旅，可以讓我忘卻一切。我像個著了魔的女人——再走遠一點，還要再走下去……希望能看到發光的黃橘色雞油菌（Chanterelle）在我眼前閃閃發亮，我的蕈類狂熱只是這廣大且複雜王國中微不足道的一部分，且大都關注於雞油菌、刺蝟蘑菇（hedgehog mushroom）、牛肝菌（porcini），但秋季森林漫步還有一部分樂趣在於尋找、深入探討途中發現的其他真菌。

真菌是非常迷人的生物——在我心裡僅次於昆蟲。很多人認為真菌王國與植物王國關係密切，這也不令人意外，畢竟兩者外表很相似。你在森林裡採集的雞油菌是真菌的生殖器官，就像花之於植物。真菌體大都以菌絲及線狀真菌組成的網絡，看起來就像植物的根部系統，至少外觀像。真菌和植物都是靜態生命，和植物一樣，真菌由許多相對相似的模組組成生物體（動物身體通常是非重複性、專門性的器官組成）。這些模組一起組成巨大的外觀，而且非常有用，無論是需要行光合作用還是獲取足夠食物——都不需要起身追趕。

但是，如果你不看表象，真菌與動物有更多共通點。我學生時代很喜歡的一位教授曾說：真菌其實是一種由內而外的動物。它們不會花時間行光合作用用——和動物一樣，靠的是植物分解組成的生物量。即使如此，和動物不同的是，它們不靠腸胃系統內部消化，真菌進行外部消耗——它們的胃就在外面。真菌從身體表面釋放消化酶，分解周遭的生物量，透過細胞壁吸收養分，進入真菌體內。以DNA檢測血緣關係的新方法也證實了真菌更像動物，而非植物。也許分類並命名了許多種類的自然科學家林奈，將真菌放進稱為卓變形蟲屬（*Chaos*）類別時，比自己當時想的更為正確。

除了真菌迷人的生活方式之外，它們也有我喜歡的昆蟲特性：屬於有多樣性、種類繁多的群體。單單在挪威，我們就找出八千四百一十八種不同真菌種，計算後發現數量大約是從前的一半。你或許在森林裡很難找到關於它們的蛛絲馬跡，但這不表示它們不重要——恰恰相反。有些真菌在昆蟲與細菌這對好夥伴幫助下，可以分解所有大自然中死亡的物質，這是很重要的工作，能讓氮與碳循環。我們可不是對所有真菌都敞開雙手歡迎，例如引發香港腳的真菌就不那麼討喜。第三類是菌根菌（mycorrhizal fungi，第一次拼一定會念錯，這個特殊詞彙源自希臘語myko，意思是真菌，字根rhiza意思是根部），就像真菌世界對外向、社會性個體的回應，牠們與植物根部永恆共存，保護自然的地下網絡。透過它們自己的「全林資訊網」[35]，樹木與植物可以交換養分及化學物質，就像一種交流形式。

特別是第一階分解者，許多真菌種已被證實能運用於工業。容我介紹環帶歐巴菌（*Obba rivulosa*）——我認為的雞油菌聰明表親之一，這是一種白腐真菌（white-rot fungus），長在死掉的樹上，針葉種或落葉種皆有，而且通常是在森林大火中部分被燒焦的樹上。真菌的子實體形成於樹木表面，形成散開的黃白色叢狀，有特殊孔洞，看起來像一團團乾燥的泡沫。也許不是宏偉之美——但如果美麗源自內在，這個物種必有獨特的魅力。

事實證明，我們的環帶歐巴菌有不尋常的胃口和酶，會選擇分解樹木中最不能食用的成分（怕你忘了自然課的內容，回顧一下：酶是一種生物物質，可加速動物與植物的各種反應）。此外，環帶歐巴菌的酶即使在低溫下，也可以

35 原文是Wood Wide Web，與網路的World Wide Web（WWW）縮寫相同。

完美達成任務，這是個好消息，能減少製造紙張時的能源消耗及浪費。二〇〇三年，芬蘭科學家呈交工業使用環帶歐巴菌酶的專利申請。

挪威沒有環帶歐巴菌的蹤跡，但有另一種名為硬毛栓孔菌（*Funalia trogii*）的白腐真菌，那是一種米白色、髒亂、毛茸茸的木腐菌。透過分解死亡白楊樹存活，也有其特殊的酶能發揮功用，其中一種是蟲漆酶（laccase）。受到真菌世界及硬毛栓孔菌啟發，現在工業也大量運用蟲漆酶——清除帶有顏色及毒素的廢水、分解煉油時產生不必要的副產品以及漂白紙漿。

但硬毛栓孔菌可能還有更多妙招。實驗室中證實了這種真菌的一種萃取物能殺死癌細胞，且不傷害正常細胞。與其相關的是主要肇因為激素變異的癌症，如乳癌、卵巢癌、睪丸癌。研究者尚未研究出它們怎麼做到的，但完成這項任務的，正是硬毛栓孔菌變異的超級酵素蟲漆酶。源自其他木腐菌的蟲漆酶變異種，同時也受到關注。

在此我必須馬上表明，有許多潛在有希望的活性成分或生化成分，並未通過醫藥使用許可的艱難流程，或實在是無利可圖，無法大規模商業運用於工業上。然而重點是森林中還有許多未開發的資源，不僅僅是讓雞油菌填滿我的籃子——還有更多。

營火靜思會

森林裡還有很多東西，單單樹木就有許多可能性。我們已經討論過建築材料，另一個更常見的產物就是柴火。

征服火，以及從乾枯、死亡的有機物中汲取能量的能力，如樹枝、草或動物糞便，都是人類最早、最根本的獨創性發現。營火為我們提供光源與溫暖，避開野生動物，為我們提供烤熟、煮過的新食物。最後，我們也用火精心塑造景觀——改良放牧或整理土地以種植農作物。

現在纖維產出的能量仍然很重要。以全球來說，有超過二十億的人口仰賴木材作為能源。二〇一八年，挪威約有八%的能源取自各種生物燃料，其中三分之一來自木柴，其餘是顆粒燃料、木屑、液態生物燃料。

順便問問，你知道如何確認樺木木柴乾了沒？答案就是，在木柴一端塗上薄薄一層混合了洗潔精的水，再從另一端看看是否能吹出肥皂泡沫。樺木有從兩端開放的微小木管，一個疊一個，看起來就像是長長的吸管。當樺樹還活著的時候，這些管子負責從樹根傳送水分到樹冠，新鮮樺木裡面的管子仍有水分，很難吹出泡沫，但如果木材乾燥了，空氣就會直接穿過木材內部，在另一端產生微小的泡沫。

＊＊＊

我喜歡用木柴取暖，小時候待過的小木屋裡，臥室裡的木製暖爐有用一扇透明雲母做的小窗。我躺在上下鋪的下鋪單人床上，柔和閃爍的火光，讓我從上方梁柱及木板間瞥見的各種木紋臉孔都活躍起來，有了木製的物品陪伴，我在昏暗燈光下幸福地睡去，聽見隔壁房間大人們的低聲細語倍感安心。

看著營火的火焰時，仍有些東西悄悄降落心底。人類早已不再擅長無所事事的生活，營火能幫助我們：靜靜地坐著，讓思想掙脫束縛，就像山中的獵犬，跳躍著擺脫一切，也許一開始會依循著脈絡，但它們會變得更加勇敢，改變方向，朝石楠花及山坡處飛奔而去，逃離不安，直到它們突然停了下來，鼻子埋進讓人雀躍的新發現。在營火變成一堆灰燼前，思想也回到原地，漸漸冷靜，安靜地待在我們腳邊。

凝視營火讓你鍛造出一條與祖先之間堅不可摧的鏈結，他們在數千百年前也做了一樣的事，也讓你接觸到自然界日常基本流程：光合作用。當你把柴火放進火堆，火焰燃燒，你看到及感受到的就像延遲的陽光。太陽能量、二氧化碳和水建構了生命體，也就是「植物體」本身——樹幹，而現在你又再一次釋放出陽光。

裝扮起來！調味食物及餵養鮭魚的針葉樹

想像一棵在挪威剛被砍下來的樹幹，其中三分之一會拿去做成木板、合板等等，剩下的則會做成紙張、紙漿、燃料和大量生化產品，然後反過來被運用於牙膏到混凝土的各種物品中。真的很難相信可以從雲杉原木聯想到的東西，例如香草調味品和動物飼料。

香草調味品起初源於香草豆——有漂亮米白色蘭花的種子莢（更正確地說是香草莢），生長於墨西哥或更南方。墨西哥東方海岸的原住民托托納克族（Totonacs），顯然是最先採收香草的人。關於他們起源的傳說：神話時代，生育女神的女兒薩納特（Xanat）走在人群中，祂和一個凡人男子相戀了，礙於神的身分，兩人無法在一起。薩納特傷心至極，便把自己變成我們所知的香草花，並以托托納克語中祂的名字命名：薩納特花，如此，祂就能繼續留在地球上，和所愛的人分享絕世之美——也為我們帶來香草的香氣與風味。

十六世紀，阿茲特克族征服托托納克領土，並要求上貢香草豆。再後來，當西班牙征服者科爾特斯（Cortés）到達阿茲特克首都，迎接他的是一杯香草風味的可可飲料——這是歐洲人第一次接觸到香草。

此後，直至十九世紀中期，托托納克族一直是全世界最大的真香草生產者。之後——多年來始終徒勞無功的法國人終於取得香草植株，能在印度洋上的殖民地留尼旺島（Réunion）生產有價值的香草莢。但你應該能猜到，香草蘭花壓根就不配合。在墨西哥，香草是由一種群居無螫蜂（馬雅皇蜂，*Melipona*）授粉，但這些印度洋上的小島沒有這種蜂的蹤跡。一名十二歲的奴隸是負責人工授粉的第一人，用草的莖幫忙授粉。

但即使後來改良了授粉技術，要培育出能販售、成熟發展的香草莢仍需高度警戒及耐心。女神的女兒到訪地球的時間非常短暫——香草花一天後就會凋謝，但照顧種子莢的過程卻非常繁瑣，且需要好幾個月。生產一公斤天然香草調味品，共需授粉四萬朵香草花，難怪人們會積極尋找更簡單的風味製造法。

十九世紀末，賦予香草風味的物質：香草精，終於被分離出來，也確立了它的化學結構。由此開始，合成這種物質就不需要那麼長的時間了，起初是取自松木皮，後來則是丁香油，在全世界，仍用此方法製造的香草精不到一％；還有一小部分是用米製造，輔以稻殼發酵，這部分的比例仍在提高；最主要的部分，也就是全世界九十％的香草精，都以油為原料，而在挪威——大部分

（約七％）則用雲杉製成。

香草精只是製紙業的副產品，而二〇二〇年在我的出生地，挪威東南部薩爾普斯堡（Sarpsborg）的一間公司，是全世界唯一用此方法的香草精製造商。他們正在努力提高產能，因為全球的香草調味品需求日益攀升——而原料香草莢只夠應付全球一％裡頭的三分之一（！）需求。

你手上冰淇淋的黑色小點不一定是香草風味的真正來源，即使這些種子確實來自真的香草種子，可能也已經完全沒有香氣——那是萃取香草精華時的廢料，這些種子被加進冰淇淋裡，完全是為了視覺效果，其中的香味，主要還是來自油或木屑製成的香草精。

所以，雲杉木屑製成的香草味，和香草豆的味道一樣嗎？畢竟無論來源是什麼，香草精的形式完全與化學物質相同，但天然香草不只含有香草精，也有數百個微小的其他物質，也對其香氣有所貢獻，因此，如果你想做蛋奶酒[36]，適合用真香草，讓香氣的層次湧出。但如果你想烘焙，或許不需要花大錢用香草莢，因為烘焙品會混合其他香氣，長時間烘烤也會導致其他香氣物質消失，人工製造的替代品就可以完美代替天然香草。這是好事，想到每公斤的香草花價格比銀還高，甚至無法滿足全球一%需求，雲杉就能為我們的生活添加香草風味，真的方便許多。

＊＊＊

雲杉出乎意料地好用。我就讀的挪威生命科學大學（Norwegian University of Life Sciences，簡稱NMBU），是挪威食品研究中心，也研究樹木以作為動物飼料的來源。利用枯木中的糖化合物培養酵母，接著磨成高蛋白粉，就能在森林裡餵養鮭魚、小豬或雞——也就是說，科學家已經嘗試以酵母飼料取代一般飼料中的部分蛋白質。

於是這也引發了一個問題，以樹木飼養的鮭魚，是否無異於一般鮭魚？我

36 Eggnog，歐美的聖誕飲品，加入牛奶、奶油、雞蛋和香草、肉豆蔻等香料，原創不含酒精，但也可以加入甜酒。

可能會喜歡加了鹽和胡椒用奶油煎的雞油菌，但鮭魚會受騙上當，成為食用菌菇的食用者嗎？畢竟牠們天生是吃浮游生物、昆蟲及小型魚類的動物。不過目前為止，試驗看起來很有希望：實驗室裡的魚長得很好，腸道甚至更健康。

養殖業初期都以飼料為魚食，但對魚類的需求很快超越了海洋過度捕撈的供給量。近來，挪威鮭魚養殖都使用巴西進口的大量黃豆，但很難達成環境友善——一來是大豆製程會影響雨林，二來是應優先考慮將大豆用於人類食物。換句話說，如果我們要持續大規模養殖魚類，為不斷增長的人口提供蛋白質來源，就必須找到更能永續經營的飼料來源——例如雲杉。

雖然我們離目標還很遠，在這種動物飼料能大規模且更平價生產前，還需要更進一步研究。從概念到成熟的商業產品之路，就像在崎嶇的森林保護區裡健行：會面臨各種彎彎繞繞且容易迷失，突然之間可能會遇到幾乎不可能跨過的峽谷，也就是創新領域所謂的「死亡之谷」：不斷投入好想法，但沒有任何獲益。即使有些事在技術上可行，卻不一定會得到回報。

除此之外，全世界有三十億棵樹，雖然樹木是可再生資源，但森林擔負的功能或角色，卻不僅僅是木材資源。現在，森林的綠色肩膀上被壓了越來越多責任，要淨化水源和空氣、拯救氣候、超越混凝土及鋼鐵、取代進口大豆以餵養鮭魚、石油逐漸被淘汰時為我們帶來新產品、保衛受威脅物種，還要為我們在廣大自然界中提供蘑菇、莓果和探險之旅。儘管森林確實給我們無數自然產品及服務，同樣可以肯定的是，我們無法同時最大化所有產物。每個人都想得到森林的一點好處，我們必須把目光從樹木身上移開，專注於整體生態系，小到刺蝟蘑菇，大至人類。

Chapter 6

大自然管理公司

The Caretaking Company

無論在辦公室還是合作公寓[37]式的住家，我們都不需像管理員一樣煩惱如何調整熱水器溫度，或是阻止水流向不該流去的地方。自然界就是這樣運作：大自然就像個真的管理員，而且大都從事幕後工作。樹木和其他植被能夠維持水分和土壤；挪威陡峭山坡上的森林非常茂盛，能夠保護峽灣旁邊的道路和建築物免於雪崩傷害；濕地緩衝洪水，珊瑚礁和紅樹林能抵擋海嘯；城市裡的行道樹抑制噪音、清淨空氣、提供遮蔽、調節溫度。這一章，我們就來談談自然管理公司，特別著重於我們建造、居住的地方。

太多的雨水與太少的植被

我在二十五歲時，曾搭乘公車穿過澳洲心臟地帶去看烏魯魯（Uluru，也叫愛爾斯岩〔Ayers Rock〕），一個由岩石組成的大型紅色島嶼。烏魯魯真的非常壯觀：比艾菲爾鐵塔還高，長約四公里，寬兩公里，這座岩山坐落於一片平坦的沙漠中，就像一頭巨大、半埋在沙灘裡的鯨魚。觀光客不停湧入這裡，觀看不同日照角度下，岩山的色澤變化，但你必須非常幸運才能和我有一樣的經驗：傾盆大雨。畢竟，這裡是片沙漠。

天堂打開水閘的那天，我看到植被捕捉雨水的能力。因為烏魯魯的表面盡是堅硬的紅色砂岩，沒有半片青草——確實，這裡也完全沒有土壤，所有雨水順著表面留下。雨水交會、滴落、流走、在峽谷中聚集，在更大的水道中匯集後成為河流。傾盆大雨的瞬間，雨水墜落在我身處的山腳下，變成大大小小的瀑布。

這正是發生在我們城市中的事：因為人類消除植被，用不吸水的表面取而代之，雨水聚集在柏油路和混凝土上，快速且大量地流向城市低窪地區，重創沿途的建築物及基礎設施。過剩的水最終流入河流，可能沖毀堤岸，帶來更多損害。這一切都是因為雨水太多了，河流根本帶不走。

37 合作公寓（Co-op）是一種歐美的房產持有制度，購買者只有建築公司及土地股份，沒有不動產產權。

此外，雨水也會沖刷掉交通和工業在柏油路上留下的化學物質，侵蝕流過的土壤，造成水土流失，結果就是土壤與汙染物一起被沖刷進河流。如果雨水降下來之前，太陽烤熱了柏油路，雨水流經城市街道時也會變熱。因此，雨水的溫度會比河流裡的水還高上幾度——同樣也會對河流物種造成影響。

總之，這對城市或河流都不是好事。即使我們不能控制降雨或預防洪水，我們可以和自然團隊合作，降低這些不好的影響——作法就是為城市綠化創造更多空間。城市裡的樹非常聰明，有很多抵禦洪水的辦法：它們很渴——一棵大樹一天可以「喝掉」數百公升的水。更重要的是，樹冠能當煞車用，在雨水落到地面之前，先檢查一下，或只是接住它，直接透過樹葉和樹幹蒸發雨水。樹的樹根系統和根部土壤周圍的生物多樣性，能讓土壤滲透性變得更好，讓更多雨水滲入土壤，而非只是流過地表。土壤裡的生物也能和樹木合作，吸收並轉換有害物質，例如重金屬。

我們的選擇不多，所以不得不生活在有大量不透水表面的城市裡，因為無法在道路上種植植被，花圃也會讓停車場動線不良。但是柏油路和混凝土之間，若是我們能擁有越多、越廣的綠色空間，情況就會越來越好。樹木的好處之一，就是能種在道路及人行道兩側，在不透水表面上多一層保護。花圃或草地也都能吸收、留住水分，類似管理員的角色，讓水分遠離不恰當的地方。而這種生長緩慢的植被也很適合覆蓋房屋屋頂——就是綠色屋頂。

這不是最近才提出來的新概念：在史前時代的斯堪地那維亞半島[38]，人們就用草皮鋪在樺木皮上當屋頂，直至中世紀的挪威城鎮中，這種草皮屋頂還是很常見：十六世紀晚期卑爾根（Bergen）的一幅版畫上，就畫出綿羊與山羊在許多房子的屋頂上吃草。隨著城市裡的木造住宅越來越密集，草皮屋頂就被禁止了，因為屋頂上的乾草容易讓火災蔓延。

現在，世界各城市正流行綠色屋頂。在某些地方，如慕尼黑，有平屋頂的新建築被強制要求必須種植植物。綠色屋頂有幾個優點：不僅可以接住雨水，也可以幫城市降溫。雖然現在你不會再看到羊群在屋頂吃草，但至少可以漫步

38 Scandinavia，斯堪地那維亞半島是一般概念中的北歐，有挪威、瑞典、丹麥、芬蘭、冰島五個國家位於此。

在有綠蔭之下的城市。

當錢長在樹上

城市裡的樹不僅僅能接住雨水，也能降溫、清潔空氣，同時也提供物種生存的空間，包括人類——你可以爬上去，或靠著樹幹坐在涼爽的樹蔭下看書。

為什麼我們居住的城市總是比周遭地區更熱個幾度？有幾個原因：綠色植被在蒸散作用時能釋出較涼爽的水氣，但該是綠色植被覆蓋的地面，我們用深色的柏油、磚石、混凝土地面取代，這些材質在日照時會吸收熱氣。另外還有人類及機器製造的熱氣，包括空調系統產出的餘熱，而諷刺的是，這會讓沒有冷氣的人覺得更熱。這一切造成的結果是，城市就像一座座島嶼，遠比周遭環境熱上五至十度。晚上溫差會變得更大，因為城市深色地面儲存的熱能會在晚上釋出。

或許現在這種過度炎熱的夏天，對居住於地球上的我們並不是太大問題——暫時沒有問題，但氣候變遷會讓地球在眾人腳下燃燒。瑞士研究針對特定城市，比較現在與二〇五〇年的預測氣溫：當最熱月份的最高溫增加攝氏五點六度，奧斯陸會像今日的布拉提斯拉瓦（Bratislava），而倫敦氣候將會和今日的巴塞隆納（Barcelona）一樣——最高溫將比現在高五點九度。如果推測溫度成真，樹將會派上用場，因為它們可以讓城市的溫度降低一到五度，表示生命得救了。我的另一個職場，奧斯陸的挪威自然研究院（Norwegian Institute for Nature Research，簡稱NINA），科學家看到了城市樹木的重要性，以及我們必須保護它們的原因。他們發現，樹木和綠地可以有效降低城市熱浪對健康造成的風險：每砍伐一棵樹，每年平均起碼會多一位老人暴露在超過攝氏三十度的氣溫下一天。同時，科學家也指出，奧斯陸非常需要更多的綠地——人口最多的地區，往往也是城市樹木最少的地區。

有時候錢確實長在樹上，只是不那麼直接，因為降溫效果意味著我們可以節省能源，進而省錢。美國研究指出，如果像加州沙加緬度（Sacramento）這樣的城市，樹木覆蓋率能增加二十五%，一般用戶將能省下四十至五十%的電力，否則他們在空調上的花費將會更多。錢就是這樣長在樹上。

此外，也會隨之省下其他花費。樹也可以當作空氣清淨機，因為微小的汙染顆粒會被留住、儲藏在樹葉和枝幹上，下一個雨天時雨水會沖下它們，進入土壤裡，或流進河流中。雖然樹木不一定會讓汙染物變得無害，至少把它們移出我們呼吸的空氣了。以全球角度來說，這非常重要。跨政府生物多樣性與生態系服務平台（Intergovernmental Science-Policy Platform on Biodiversity and Ecosystem Services，簡稱IPBES）統計，全球只有十%人口能呼吸乾淨空氣。每年超過三百萬人年紀輕輕便死於空氣汙染——尤其是亞洲。一項正在進行的研究，以多個國家超過一萬個空氣品質監測站的數據為材料，研究結果顯示，二〇二〇年春天，因為新冠病毒造成封城的頭兩週，空氣汙染就已經減少，因空汙死亡的人數更是減少七千四百人。

把所有樹木都貼上價格標籤並不容易，但城市有一套制定樹木價格的系統：倫敦最貴的樹是一棵英桐[39]，價值約一百六十萬英鎊（台幣六千三百萬元）。整體來說，這座城市中有八百萬棵樹，每年帶來的效益大約價值五十二億新台幣。

表土被吹走之前——我的山谷有多綠

人們流傳著一個冰島森林的笑話，笑話很短，但直接切中重點。笑話是這樣的：「要怎麼找到離開冰島森林的路？站起來就好了。」其實，在這片薩迦文學[40]誕生之地上，森林既不茂密也不高聳，嚴格說來，應該說是盛景不再，正面臨侵蝕與土地退化的挑戰。

一千多年前，來自挪威的維京人航行至此，把高高的座柱從船上丟進海裡，在他們被沖上岸的地方定居下來，當時的冰島還有很多森林——森林覆蓋率和現在的挪威一樣。但移居過來的人把樺樹林砍了，取而代之的是農田與放牧草原。樹木也是建築材料與木炭的原料，所以，僅僅是在短短兩百至三百年

39 Plane，或是London plane，又稱倫敦梧桐、法國梧桐、懸鈴木。
40 Saga，是冰島及北歐地區的特有文學，多帶有神話、傳說色彩。

裡，這個國家的樹木已經剩沒多少了。沒有樹蔭庇護，也沒有樹根固定土壤，冰島上的火山土壤裸露在外，就很容易受到風或惡劣氣候影響。而且冰島本就氣候惡劣，還非常容易起風。

於是，侵蝕作用就開始了，非常緩慢，也非常穩定，表土被吹進海裡、被沖走，或被漂砂覆蓋。火山爆發、火山灰、放牧綿羊造成的影響無疑是雪上加霜。隨著表土減少，植被縮小的範圍更勝以往，導致更多土壤流失。大約是在一九五〇年左右，冰島消失了近六十％的植被及九十六％的森林、灌木覆蓋面積，這個國家的森林覆蓋率不足一％。冰島成為一片開闊的景觀，或許對觀光客來說是好事，他們樂於享受一覽無遺的冰河、火山及山脈景觀，它的原始、荒蕪之美確實非常上鏡，大地色調盡收眼底，但土地一點都不肥沃。冰島大部分的土地都飽受土壤流失及侵蝕作用，導致作物無法生長，也無法放牧。

＊＊＊

好幾年前，我曾到冰島參與國際生態復育協會（Society for Ecological Restoration）歐洲分會的會議。除了那幾個小時中，或多或少有些振奮人心的講座，我們也探訪了冰島西南部，看看人類讓自然降低侵蝕的機制失效後會發生什麼事，我們又該怎麼補救。巴士載著我們在火山岩景觀附近繞了幾小時，除了幾片頑強的銅綠色苔蘚外，沒有其他植被。我們還去了貢納德尚鎮（Gunnarsholt），這是由冰島酋長貢納爾．哈蒙達爾松（Gunnar of Hlíðarendi）的祖父於十世紀時創立的農場，他是十三世紀冰島傳奇故事《尼亞爾薩迦》（*Njál's Saga*）的主角，貢納爾在故事中死了——他被判有罪之後，遭受限制無法離開他的農場。他跳上馬想離開，又勒住了轡繩，回頭看這一片美麗的耕地景觀說：「山坡如此美麗：彷彿我從未見過的美，發亮稻穀和割完稻的家園；我該回家，不再遠走。」

貢納爾可能沒想過侵蝕或自然的管理服務，如果他有想過這個好主意就好了。因為從數百年前開始，山坡就已不再美麗，許多農場蒙受侵蝕破壞，不得不廢棄，包括他的農場。現在，貢納德尚是冰島土壤保存中心（Iceland's Soil

Conservation Service）的總部，還有一個小小、有趣的博物館，我們在這裡知道冰島正努力將森林及森林提供的服務帶回島上。

這一天的最後一站是平坦的平原，上面有坑坑洞洞、低矮植物形成的地毯：羽扇豆（lupines）。和研究其他領域的科學家一樣，我也拿著一米長的藍色金屬植物栽培管，和兩株小樺木植株。我們熱血地在整塊地上散開：最後一步了——冰島就要重建森林了！然後我把第一株不起眼、有五片黃綠色葉片的樺木株放進管子裡，讓這棵樹筆直地航向未來的家。最後要做的事，就是把植株附近的土壤踩實，我的背部終於幸免於炙熱的太陽，冰島也獲得一棵樹。

這其實是一個象徵性的活動——因為我們那天所做的事並沒有太大意義，勸誘森林大規模回歸需要一段漫長的時間。首先，必須先種植物固定土壤，例如沙丘草（lyme grass）、阿拉斯加羽扇豆（Alaskan lupine），後者是從北美引進的品種，它擅長於在不毛之地扎根，並結合空氣中的氮作為土壤改良劑。而廣泛使用這種入侵物種並沒有引發爭議，但它散播得太快太廣了：在挪威，阿拉斯加羽扇豆被列入外來物種清單「嚴重生態危機」分類中——與其他不受歡迎的物種共享這份「榮耀」，如虎杖（Japanese knotweed）、西班牙蛞蝓（Spanish slug）、加拿大雁（Canada geese）。

我詢問了冰島人對這件事的看法，得到兩種矛盾的反饋——當生態系統像這裡一樣混亂時，談到該如何權衡對原生植物重視的程度，人們看法不一。一樣的提問也適用於正在種植的樹種，因為冰島主要的原生樹——樺木，並非唯一用植栽管種下的物種，同時也有大批外來物種被播種、植入土壤，如落葉松、美國西川雲杉（Sitka spruce）、扭葉松（lodgepole pine）、白楊木。

冰島政府有一個綠色的夢：二一〇〇年，冰島的森林覆蓋率能夠達到十二%，現在數值仍在二%左右，還要很長一段時間，我們才能在廣大的冰島森林中真正迷路。

亞馬遜森林上的飛河

亞馬遜雨林有一條河——運送數十億噸水的巨河，它是人類與其他物種有豐富多樣性的基礎，影響南美大陸一大片區域的氣候與降水模式。但這跟你想的河流大不相同。

亞馬遜雨林涵蓋地球表面四%，十分之一可知陸生植物及動物都起源於此，也是數百個原始部落的起源地。雨林裡的樹比銀河裡的星星還多，因為這些樹都非常巨大，全世界有十分之一的生物量都聚集在這裡，同在一個龐大、炎熱、潮濕、綠意盎然又生機勃勃的生態系統。透過這片森林，亞馬遜得以展現它的力與美：它有全世界最大的流域（等於美國面積），其流量占全世界河流的五分之一。

在樹冠之上，還有另一條同樣重要的河流在上方盤旋：水蒸氣形成的飛河，樹自己製造的河流，影響著整片大陸的風和雨。

二〇〇七年兩名俄國科學家首次公開飛河及其影響的理論，正式名稱為「生物泵理論」（biotic pump theory），一開始受到猛烈抨擊，但後來獲得廣大支持。理論內容是這樣的：整個過程始於樹吸收土壤中的水分，向上傳送到樹冠的樹葉上，在水分蒸發、像噴泉般進入空氣之前，就在這裡進行生態過程——樹彷彿是一個間歇泉：吸入地表的水分，把水蒸氣傳進高空中。當水蒸氣在大氣中凝結，就會變成低氣壓，吸引更多潮濕空氣從海上移入內陸，就像一條巨大的飛河。根據兩位科學家所說，這些樹每天將兩百億噸的水送進入亞馬遜雨林的「雲層服務系統」中，也就是說，其實這比地表上的雙內河[41]流入大西洋的水還多。

因此，雨林就像活的泵浦一樣，把來自海洋的水分傳送到大陸內部。這個生物的、或者說活的森林泵浦，和長時間籠罩的低氣壓把雨水吸引到亞馬遜，根據科學家所說，這就是亞馬遜內部深處的降雨量比沿岸還多的原因——與一般模式正好相反。當飛河向西抵達安地斯山脈，轉個彎又朝南方延續下去。沿著這條路線，它將所剩的珍貴雨水傾倒在亞馬遜南部區域——南美洲最重要的農業用地。

要讓這個生態延續下去，重點就在於不能砍伐、破壞雨林：這麼做的話，

41 美國紐澤西州洛基布魯克河（Rocky Brook）及米爾斯通河（Millstone River）組成的流域。

我們可能摧毀整個泵浦系統，造成非常劇烈的後果。最可怕的景象是我們可能觸及臨界點，導致亞馬遜雨林在非常短的時間內變成莽原樣貌。一旦發生，整片大陸上的人類及物種都必須承擔沉重惡果。

白蟻與乾旱

氣候會受到生物影響，大至亞馬遜的樹，小至昆蟲般的物種都涉入其中。如果你能乘坐熱氣球，飄浮在坦尚尼亞西北部的半沙漠地帶——只要克服了暈眩感，就能從籃子的邊緣窺見一幅異常規律的景象。沙棕色的表面遍布綠色的小點，相隔著大致均等的距離，即使這畫面看起來很人工，但卻不是人造景觀。這是白蟻創造的圖案，牠們是小小的白色或棕色昆蟲，看起來有點像螞蟻，其實白蟻是蟑螂的近親，牠們也會一起生活。白蟻組成先進的社會群體，能移動水和養分，從而塑造世界上大部分炎熱、乾燥的區域，如非洲、南美、澳洲的部分地區。

但白蟻也招來不少批評，甚至有一整個工業致力於消除牠們，仔細想想這一點也不意外，單單在美國，白蟻貪婪地吞下梁柱、地板、牆壁和屋頂，每年就造成超過二十億美元（約台幣六百億元）的損失。當你在地球上屬於能消化木本植物堅硬細胞壁的極少數生物，事情就是會這樣發展。除此之外，牠們也能建立龐大的移居地——數百萬個體組成一個地下白蟻移居地。如果你能量出這些小東西單獨的重量，就能發現非洲莽原上每十平方公里內的白蟻總重，可能等同、甚至超過同區域所有大型草食動物的重量。

家裡的害蟲在大自然裡可是非常重要的角色。在半沙漠及莽原環境中，白蟻是非常重要的生物，有助施肥及灌溉。牠們可以聚集死掉的植物殘渣並分解，確保養分以糞便或死亡個體的形式混入土裡，或傳遞給食用這些養分的動物。在非常容易發生火災的生態系統中，牠們可以預防養分不會輕易被燒光。白蟻也可以挖進地下深處——大約地下五十公尺，在那裡培育牠們建造住所時使用的潮濕礦物土壤顆粒。這些礦質土壤風化時，就能讓白蟻居住地附近的土壤變得肥沃，充滿重要養分、微量元素及濕氣。白蟻挖出的許多隧道也很重要，能讓土壤滲透性更好，雨水更容易滲入地下。這些都讓白蟻塔成為乾燥地區的小綠洲，而且白蟻也是能控制大部分生態系統的關鍵物種，牠們能為植物生命創造綠色「熱點」，在對抗沙漠化戰爭中至關重要。這些能讓物種保住性命的綠洲，可作為沙漠的緩衝地帶，降雨時期植物就能從綠洲擴散出去。研究顯示，這種白蟻塔景觀在乾旱時期出奇地強健，表示面臨迫在眉睫的氣候變遷時，白蟻有助於穩定脆弱地區的生態系。

白蟻可不只在莽原地區扮演維持穩定氣候的角色：在印尼婆羅洲，科學家研究白蟻在雨林乾旱時期的影響，把幾乎消滅了所有白蟻的區域，拿來與其他白蟻聚落完好無損的地區相比。研究證明，有白蟻存在的土壤中，只要三分之一的水分，就能把土壤深層的水分再帶出來。這並不令人意外，科學家把受測植物放在白蟻沒被消滅的區域，存活率超過五十%。而亞洲雨林的研究證實，這些飽受批評的昆蟲也提供一種生態系服務，在不斷變遷、更為乾燥的氣候下特別有用。但為了讓功能順利運作，我們必須好好保護完整自然環境及原生物種聚落。伐木及人類侵犯森林事件，已經改變了白蟻的數量及物種組成，超過一半的熱帶雨林被人類影響。根據婆羅洲研究學者所說，由於以白蟻為主的乾旱緩衝區減少，已經被人類徹底改變的熱帶雨林，可能更無力抵抗乾旱。

白蟻約莫有兩千種，各有不同的生活方式，有些生活於高達數公尺、非常顯而易見的黏土塔，有些則生活於地下巢穴或樹裡；有些吃枯木，有些則以各種死掉的植物為食，也有些在塔裡培養真菌食用。有時候，這些真菌能從塔裡產出非常大的菇類——紀錄顯示這是全世界最大的食用菇，菇帽直徑約是你的腋下到指尖，是讓當地人垂涎三尺的美食。

說到大，巴西白蟻蓋的土堆，顯然是全世界單一物種所建的最大連續建築：連結著數公尺高土堆的地下通道網絡——共有兩億座白蟻塔。整座建築的面積大約和英國一樣大，且歷史非常悠久，約已存在四千年，換句話說，和埃及吉薩金字塔一樣悠久，但也不像金字塔，因為這個「建築物」仍有生命及移動痕跡。嚴格來說，這些塔並不是巢穴，也沒有生物住在裡面，就只是在土裡挖隧道時翻出的地方——隧道才是真正有功用的地方。隧道是有遮蔽物的通道，方便往返存放白蟻食物最近的灌木叢，又快速又安全。

如果你沒機會乘坐坦尚尼亞或巴西的熱氣球，還有別的方法。打開Google Maps，坐在舒適的電腦椅上，看看白蟻抗旱建物的成果——那是牠們不朽的傑作。

紅樹林防波堤

冰島的維京人和後代看不清形勢，直到發現時，一切都為時已晚。現在，我們已經非常了解森林的保護作用，不管是北方森林還是熱帶地區都很重要。即使如此，短期獲利仍經常阻礙長遠且有益的環境保護。最典型的例子就是紅樹林，它們正以閃電般的速度消失，即使大家都清楚明瞭它們的重要性，就像活的防波堤能抵禦海嘯及洪水。

紅樹林是少數幾種喜歡把腳伸進鹹水中的樹種，這個詞也用於這些樹種組成的森林。紅樹林樹種有適應能力，樹根就算被鹹水浪潮拍打也能生長，在沒有太多氧氣的軟泥裡站穩腳跟。

這種適應性源於它們能長出支柱根（stilt roots），在樹幹底部長出很多如手臂般厚的根——先是水平長出，再彎進泥土裡，最後就是一團支撐物，有時看起來像長出腿的樹，準備起跑。其實正好相反：支柱根固定了樹，同時纏繞的樹根也成為抵禦海浪的緩衝帶，困住沉澱物，緩慢、穩定地在樹的底部困住更多泥土，讓樹得以生長。如果泥土裡沒有足夠的氧氣，支柱根可能會有微小的樹皮孔，當作通風管道，但紅樹林樹種仍可以發展出特殊的呼吸根（breathing roots），和我們所想的根部位置相反：它們會從泥土中噴向空中，就像小小的長矛。

這些位在海洋與陸地間的紅樹林，日子過得很艱難。如果你仔細看看標著紅樹林原始分布位置的世界地圖，看起來就像有人拿著麥克筆畫了一條線，跟著海岸線的輪廓，一路從南非到日本，也勾勒出大大小小的島嶼，還有非洲西岸部分地區，以及中美中東部及西部海岸。聽起來非常壯觀，而事實是世界各地紅樹林急遽衰退——近四十%的紅樹林已經消失。現在這些森林數量只占全球森林總數的零點五%，減少的速度比其他森林快上三至四倍。

隨著紅樹林消失，它們抑制沿岸地區極端氣候事件的功能也跟著消失。我們試圖用人造建設揣摩紅樹林的影響，不僅耗資更鉅，效果也不怎麼好。就以一九九九年侵襲印度奧里薩邦（Odisha）的超級氣旋為例，迄今仍是北印度洋最強烈的熱帶氣旋，最大風速每小時三百公里，約一萬人喪命，估計房屋及財損約五十億美元。但研究顯示，有完整紅樹林的沿岸村莊，死亡人數較少，且基礎建設被破壞的程度也低於沒有紅樹林、以消坡塊或堤壩取代的村莊。

紅樹林就像一條有生命的安全帶，在背風面作為陸地的緩衝，抵禦潮汐波浪、洪水及強風。除此之外，洪水也會更快退回海上，而那些只有人造防洪設備的村落，則在破壞作物的鹹水中奮戰更久。

科學家對二〇〇四年的印度洋海嘯也做了相同研究，結果一樣：有完整紅樹林的地方，較少人因此喪命，財產損壞也較少，而災難過後，這些地區倖存者的經濟發展機會也較好。

這些只是紅樹林提供自然產物及服務中的微小面向，紅樹林也是獨特、富饒的生態系統，不僅能淨化水質，能吸收的碳是其他熱帶森林的三至五倍，為住在附近的一點二億人口提供食物、木源及其他產品。

那麼它們為什麼會被破壞、移除呢？答案很簡單：因為你和我都想吃小龍蝦。紅樹林衰退的主要原因，就是有機會獲得短期養殖收入，尤其是蝦農。而針對這件事提出的質疑點，是紅樹林可以降低海嘯、洪水、颶風帶來的損壞，但這份卓越功勞卻沒被算在內。讓我們看看二〇一三年發布的具體實例。

透過保存森林的永續經營捕撈法，泰國紅樹林區也能帶來收入。而另一個選擇是移除森林，建造一個養蝦場，後者能為老闆帶來個人較高的短期收入——收入會特別高，是因為有時能申請慷慨的補助款，用於此類型的土地使用變更。但是，當我們開始計算紅樹林能給我們怎樣的自然產品及服務，以及它們的價值——可以緩衝海浪造成的影響、淨化水質、為幼魚提供棲息地，這個算盤就徹底被推翻了：從社會觀點來看，犧牲珍貴的自然產品及服務換來養殖蝦類，能獲得的經濟效益實在太小。而且，如果我們將養蝦場製造的汙染及對生態系統的破壞算進來，再加上復育紅樹林的相關花費，紅樹林的收益換算將高於每公頃一萬六千英鎊。

這個例子說明了政府行動的重要性，不應該只導向單一自然產品或服務——一般來說是蝦或原木這種單一產品，而是應該綜觀來看自然產品及服務的總計。正如泰國為刺激蝦量產出，犧牲了能保護我們免於自然災難的紅樹林，其實沒有好處。若要破壞自然，破壞長年生長且能抵禦雪崩的森林（也會破壞這些森林中豐富的生物多樣性），在挪威西部的陡峭山坡鋪設道路或從事原木事業，也不是好的社會投資。

如果你想幫忙保護重要的熱帶沿岸生態系，以及它們提供的管理服務，請試著選擇不一樣的海鮮來源——或試著找到友善生態驗證的小龍蝦。雖然紅樹林只占了世界森林的幾千分之一，但它們為我們提供的管理服務及貢獻，遠不止這樣。砍伐這些森林，失去它們提供的沿岸天然保護，就像鋸斷了我們正坐著的樹枝。

枯枝中的美女

一個峽谷
鮮少有人
那棵最羸弱的樹
向前傾倒，
大大地展開
樹枝與枝枒
壓進土裡
彷彿在懷抱裡
在無盡的渴望之後
（……）
樹將靜靜地躺著
在懷抱中深深沉入

開始成為他者——
當草生又落下
如蒼白、親密的髮絲
——一切早已消逝
百年不過是
轉瞬之間
為了延續

——塔瑞耶・維叟斯（Tarjei Vesaas），〈疲憊的樹〉（Trøytt tre）

我住的森林裡，有一棵我最喜歡的倒木。那棵樹和我就像親姐妹一樣，我曾用一滴血和它交換一滴樹脂。大約十年前，這棵老樹決定倒在我經常獨自慢跑的路上，那是十月的一個幽暗星期天，那些天裡，天空摒棄了任何短暫、省水的陣雨，而是無止無休、數小時的傾盆大雨。我真的很喜歡在下雨的森林裡跑步，但眼鏡是個問題，我也不能戴隱形眼鏡。只能選擇戴著眼鏡，然後勉強看到一點點東西——因為眼鏡起霧和雨水的蒸氣，或者乾脆不戴眼鏡，讓自己看得更不清楚。

我會帶上大兒子和我一起跑步，當時他才八歲，就跟在我身後。我們沿著陡峭的山坡慢跑，看到一棵小樹被風吹倒，在路上形成一個低矮的大門。我全速跑向前鑽過那道門，再回頭告訴大兒子。當時我沒看到另一棵樹也倒在那條路上：一棵健壯的雲杉。當我再次回頭時，為時已晚，它重重地砸在我額頭上，令我眼冒金星。突然之間，我就倒在針葉與樹皮間，我的額頭上沾著血和樹脂。

結果是腦震盪，收到兩週禁止使用螢幕及閱讀的禁令。因為很不幸地，人類的腦裡並不是用橡皮筋吊著腦骨——不像啄木鳥一樣，禁得起用腦袋猛烈敲擊樹幹。

因為這戲劇化的初遇，我特別關心這棵樹。起初是針葉開始變棕色且慢慢散落，小蠹蟲[42]造訪，在樹皮附近築巢。有人，或許是位熱心的長者，把樹

42 bark beetles，俗稱樹皮甲蟲。

砍斷後將樹幹拉到旁邊，這樣一來我跑步時就不用從樹下鑽過去了。隔年夏天，各處的樹皮開始鬆動，因為天牛幼蟲開始吃掉連結樹皮和樹幹間的部位，我跑過去的時候，可以看到數千隻啃食中的幼蟲，蒼白的木頭粉屑就像下起小雨——根據瑞典北部林奈學者的紀錄，十八世紀曾有人用這種木粉作為嬰兒臀部的止痛粉。

很快地，第一朵松生擬層孔菌[43]出現了，這是種挪威雲杉常見的木腐真菌。一開始只是黃白色、閃閃發亮的一小叢，彷彿一塊被放進樹幹的麵團，慢慢發酵後開始溢出。隨著真菌長大，松生擬層孔菌的深褐色、紅橘色孔洞的特徵開始出現，通常還有閃亮的大水珠裝飾。這些真菌的眼淚不是露水——那就是聚在一起的水蒸氣，而水分是在真菌快速生長期被擠出來的。

我們人類總是把枯死的樹想成森林裡的髒亂之物，認為腐爛是一種陰沉、不受歡迎的東西，讓人聯想到衰退與死亡。我們的這個認知錯誤可大著了。因為枯木還是活著的，在「我的」倒下的雲杉裡，現在有更多活細胞，比它還聳立、青翠且健壯的時候還多。活雲杉的大樹枝幾乎是死細胞組成，現在則是充滿豐富、爬來爬去且不斷啃食的生命。木腐真菌會透過細胞結構擴展菌根絲，真菌酵素會慢慢消化掉曾經支撐這棵樹的結構。透過這種方式，各種昆蟲都能獲取養分，經由生長環吃到食物。地衣、苔蘚，還有特別膽小的樹鼩都在倒落的樹洞裡找到庇護所，你就會知道，為什麼挪威森林裡有三分之一物種都生活在這裡——枯死的樹上或樹裡。

我研究森林、樹木和其分解者已經二十五年了。一切就開始在我還是剛入學的碩士生時，我在森林裡的家庭小木屋附近的枯樺木上，蒐集了一千朵木蹄層孔菌。我的計劃是看看這些真菌個別生長在一棵樺木時，活在真菌裡的甲蟲是否會變少。介入觀察的這些年裡，我研究在各種不同種類樹木、森林中的昆蟲，蒐集了被砍下的枯雲杉、樺木上的甲蟲，還有從老松樹的腳下、從我們用炸藥炸掉白楊木的頂端，讓它和人類身高一樣高，以揣摩自然聳立的枯樹上。幾乎每年春天，我都出去設置捕蟲陷阱——在受保護的原始森林、燒毀的森林

43 red-belted conk，俗稱猴板凳。

火災現場、工業森林裡矗著柱子的大廳裡。我研究過椴樹底部洞裡的昆蟲，回溯那些樹發芽的時間，大約是全新世中期暖期，或許是五千年前，隨著舊樹死去，新樹幹開始從樹根系統長出。粗壯的樹根就像大章魚的手臂，蜿蜒在奧斯陸峽灣的石灰岩上。經過很多年，我追蹤空心老橡樹裡的昆蟲群體——樹見證了人類一代又一代的生命，隨著它們的花蕾綻放、長成綠葉、枯萎又凋謝中溜過，一年又一年、數十年、數世紀過去，在樹木的緩慢心跳中消逝。

最近我們蒐集了這些年來所有的甲蟲數據，數量起碼有十五萬八千零七十隻，分屬一千兩百六十七種不同甲蟲種類。我們想找出是否有任何共同的核心特徵，能解釋為什麼這些物種在這，他們是否是因為感受到足夠強烈的訊號才來到這裡，即使這個資料庫源於整個挪威南部，超過四百個森林地點，內容交錯且多樣。

但我們真的找到這種訊號了。有一個訊號非常重要，貫穿在所有變化中：伐木。比起受管理的森林，從未被砍伐的自然原生森林，以及沒有被人工種植過的森林，住著更豐富的受威脅及瀕危甲蟲種類。整體而言，大多數生存於木頭中的甲蟲種類，都發現於原始森林中，砍斷的枯樹則介於中間值。此外，這三種森林中的物種組成也不同；在這一點上，森林的年份與單一地景中的森林數量（體積）也是關鍵。

這些研究與我參與的另一項死亡雲杉木棲真菌研究，兩者結果並無太大差異。在那項研究中，我們比較了斯堪地那維亞半島上二十八座森林中，特殊木腐真菌與一般木腐真菌的差異。許多特殊真菌種都是受威脅及近危種，需要有豐富且多樣枯木的天然森林，地景周遭也要有大規模原始森林，才有這些真菌的蹤跡。

這非常合乎邏輯，且眾所皆知。如前幾章所言，準確地說管理森林的所有目標都是為了伐木，拿去做木料建材、紙張、香草精及其他產品——當然就意味著森林裡死亡的樹更少。我們在森林裡砍伐，把所有樹從伐木場移走，表示枯木的多樣性很少，特別是一些不尋常、少見的枯木也更少——例如直徑很粗的倒樹，你可能很難跨過它，或是矮小樹木組成的密集區，近一世紀都在下層木中發展受阻。而結果是需要這些奇怪居所的真菌或昆蟲，只能消失在森林地景中。

據估計，未受人類影響的斯堪地那維亞的針葉林地景，約有六十至八十％都是貨真價實的原生自然森林，足足有超過一百五十年的歷史。其餘自然森林的分屬於較年輕的年齡層，森林火災及其他干擾下的結果，也是森林生態系統的自然層面——但這些區域也會有很多管理良好的老樹，也有大量死亡的樹。

而我們早在森林尚未到達如此境地前，就開始砍伐森林：如今挪威處於近乎自然、原生環境中的森林比例已少於二％，約三分之二的多數森林都已經被砍伐過一次（或類似形式的開放砍伐）。經過六十至九十年——遠少於雲杉或松樹一半的自然壽命，又再度開始砍伐。砍伐行為也在蠶食剩餘的三分之一，就是那些自十九世紀即被選擇性伐木的森林，但由於地處偏遠，和道路還有很長一段距離，至今仍維持和平狀態。

多數在森林裡健走的人們都不知道這些狀況，這就是基線偏移的另一個例子——當只有千分之一的挪威森林是真正的原生森林，更不用說現在還活著的挪威人鮮少在這種森林中漫步過，我們不再像以前一樣了解森林，大規模砍伐又開始了；我們認為現在的森林很正常，如果我告訴你，從一九二〇年起，枯樹的數量呈三倍成長，聽起來很不錯吧。但如果我再告訴你，現在的枯樹數量只是真正原生森林的五分之一——那麼，你的印象馬上就會轉變了。

不幸的是，我認為這種來自森林自然動向的劇烈改變，並沒有被充分理解，我們對這種情況會造成的因果關係所知甚少——以長遠及規模而言。這些分解者的物種多樣性持續枯竭的後果是什麼？作為一個群體，我們必須了解我們得為正在面臨的這些惡化付出什麼樣的代價，並採取一種立場，或者，至少必須夠誠實地傳達，我們將付出的代價是什麼。我們必須告訴大眾，現有的伐木制度其實也有更好的替代方案：耗盡資源及生物多樣性間，其實有更好的折衷辦法；森林管理及伐木方法會增加未來得到管理公司支持的機會，如同我們面對氣候暖化、更高降雨量及其他變化的可能性；這些辦法將會讓樹持續在森林裡倒下，和菌根一起結成網，成為數千隻小甲蟲的家，被土壤分解、慢慢吞食。於是跳蟲（springtail）、菌根菌、蟎和細菌可以繼續在底層工作，直到養分再次被吸收，為新芽、新樹提供養分。

從數億年前生命初次在這塊陸地上落腳，分解和土壤層就一直做好分內之事，正如我們所知，養分循環是生命存在的必要條件。我的願望是讓更多人了解枯樹的重要性，在枯木寄居的生物，也看到枯枝之美。同時，我們科學家也必須持續做好自己的事，研究關聯性，記錄褐色食物網發生的事，與連結死亡與生命的循環——在拼圖底層的小角落，一點一點地拼湊，這就是生命。

馴鹿與烏鴉

鬼魅般可怕的古老烏鴉在夜晚的海岸
漫步著——
請告訴我您的尊名
在幽暗的夜之海岸！

——愛倫・坡（Edgar Allan Poe）
〈烏鴉〉（The Raven）中之〈永不再〉（Nevermore）

這就像影集《權力遊戲》（*Game of Thrones*）裡高原上的戰爭場景，數百具無頭屍體，許多是一捆一捆堆疊著，其他則四處散落。但牠們不是戰士，而是馴鹿——兩百五十隻成年馴鹿和七十隻小鹿，瞬間被殺死。因為大自然並非單純可愛，災難也是自然秩序、自然動向、起伏平衡的一部分——當自然之母揮起利劍，事情就棘手了。

二〇一六年八月的某個星期五，哈當厄爾高原東部被一場猛烈的暴風侵襲。高原上空雷聲隆隆，簡直要把空氣震裂，導致馴鹿聚集在墨根（Mogen）及斯托達爾斯布（Stordalsbu）的山坡間，鹿群越擠越密，非常害怕。忽然間，閃電襲擊。

或許是前腿和後腿就像電極，把電流傳導到動物身上，也可能是牠們濕透的皮膚特別導電，不管如何，這一道閃電殺了三百二十三頭馴鹿，大概就是一整群的數量，一眨眼的時間就全沒了。現在牠們都倒在這，被丟給大自然清潔隊處理。

研究大型捕食者的生物學家，我的同事山姆用最快紀錄組織起年輕學者團隊，取得所需的許可證，打包好帳篷及設備，轉而研究大規模死亡。他們稱此計劃為「REINCAR」——巧妙地結合了馴鹿（reindeer）、屍體（carcass）、再生（reincarnation）的英文。當時政府已經到場並把動物的頭帶走，檢測牠們是否有感染疾病（一種可怕的鹿科慢性消耗病）。但動物的其他部位會被留在原地，讓自然發揮功用。

科學家設置了監測區，標出每半公尺被監測的固定區塊，有些在事發地點正中央，其他稍微遠一點，這樣就能看出一般山地生態系統和這座屍體島間的差別。微生物、植物、昆蟲、鳥類和哺乳動物都是研究範圍。

我們人類可能認為屍體和腐壞過程很噁心，但分解死亡動物是自然中重要且必要的過程。屍體就像食腐動物及分解者的快閃餐廳，在限定時間內提供可獲取充沛養分的島嶼。但這場競爭非常激烈，所以速度是關鍵：一九六〇年代美國研究發現，南卡羅萊納州的一隻小豬屍體上，就有超過五百種昆蟲種類和其他蟲類。僅僅六天內，九十％的豬屍體就分解完畢——當然，清潔工作的速度也取決於溫度和其他因素。

但在海平面上一千兩百公尺的哈當厄爾高原，分解動作可沒這麼快。很久以前食腐動物都會聚集在屍體旁邊，綠頭蒼蠅（blowfly）、肉蠅（flesh fly）等昆蟲，黑紅色系、屬清潔部門的埋葬蟲（Sexton beetle），還有哺乳動物及鳥類，如赤狐（red foxe）、北極狐（Arctic fox）、狼獾（wolverine）、金鵰（golden eagle）、烏鴉。其中幾種大型動物是無所不吃的投機分子，可以吃動物、昆蟲、植物的屍體。對這些動物來說，屍體是賦予生命的資源，同時這些分解者也扮演著重要角色，從死亡的動物身上把養分重新帶回生命循環中。

但一具屍體的影響不會隨著屍體消失而結束，漣漪效應可能延續數年、甚至數十年，這就是山姆和其他科學家想要更深入調查的事：當閃電襲擊，奪去高原上整群濕透的馴鹿生命，以大規模、長期來看，整個生態系統究竟會發生些什麼？

準確地說，很多烏鴉出現了，而且彷彿憑空出現般。科學家後來才發現牠們，從預先設置好的觀察野生動物鏡頭裡；單一畫面裡可能有數百隻烏鴉。就像美國作家愛倫．坡在〈烏鴉〉一詩中敘述的「來自過往、枯瘦的不祥之鳥」（gaunt, and ominous bird of yore），牠們遠道而來，不是像詩裡說的那樣從「幽暗的海岸」而來，而是從高原區偏遠的地方為了吃而來。烏鴉的肚子裡帶來了前幾餐的殘渣，許多烏鴉才暴食了一堆岩高蘭（crowberry）果實（以植物學來說是一種核果，種子外面有硬殼）。

消化過程結束後，很難消化的種子就會出現在鳥的糞便中。科學家在九成的烏鴉糞便中找到能播種的岩高蘭果實，而烏鴉糞便都集中在馴鹿附近，那附近種子呈現的狀態最完美，因為礦質土正暴露於動物屍體下——光禿禿的黑色土壤，不用和其他植物競爭。這是因為腐爛馴鹿帶來的養分衝擊，快速地改變了酸鹼值和含氮量，石楠、矮樺和其他植物都已消失。

關於馴鹿屍體計劃發表的第一篇科學論文就是針對這點：事實就是屍體島是種子透過動物傳播的重要終點，因為烏鴉從其他地方捎來種子，也影響了當地的植物基因多樣性——換句話說，不同植物群的遺傳物質會隨著時間融合在一起。

但這些都需要時間，岩高蘭長得很慢，科學家計數並測量冒芽的小岩高蘭，估計還要持續很多年，這期間還會有其他研究和更多碩士論文（研究站還發現了更多讓人好奇的「研究結果」——一張墨西哥披索紙幣。它從旅客口袋掉出來，他們實在太好奇了，所以專程來看看馴鹿墓地）。

如今距離那場雷擊已經過了好幾年，除了難以分解的骨頭，什麼都沒了。烏鴉也走了。骨頭碎片就像蒼白的目擊者，向我們展示大自然專業清潔人員有多專業。骨頭上面，岩高蘭伸展著捲曲的髮草（hair grass）——一種普通的草，能在受干擾、養分充足的環境中，短時間內開出大量紅色的花。草用它獨有的紅色色澤為研究區域著色，就像回歸正常山地植被階段的一個標記。如果你把哈當厄爾高原的衛星照片拉近到衛斯勒薩烏勒湖（Vesle Saure），就能看到三百二十三頭馴鹿被自然回收的蹤跡，就在一個小小、粉紅色的區塊。對這群馴鹿來說，這是件「永不再」的事，因為牠們已經回歸塵土了。

Chapter 7

生命織錦中的經線

The Warp in the Tapestry of Life

準備好來個繞口令了嗎？試試看念出這個字：Prochlorococcus（原綠球藻）——英文的意思是「原始的綠色漿果」。從你舌頭裡迸出的這個名字，是一種微小生物，藍綠色的細菌，但不要被「原始」這個詞給騙了：我們這裡講的是非常重要、製造氧氣的生命機器。單單這種綠色漿果，在全世界光合作用的運作裡，就占了五％。

如果你把手伸進北極海或南極洋任何一處海域，掬起一手的鹹水，我保證你會看到成千上萬的原綠球藻，但是它們只有半微米大小（比一粒花粉、一滴頭髮定型液還小），很難靠肉眼看到。而且這種微生物躲我們躲了很久，如此重要的生物，居然能隱藏這麼久，直到一九八〇年代才被科學家潘妮．奇斯霍姆（Penny Chisholm）發現——她一生致力於研究這種綠色小生物，多虧她的研究團隊，我們才知道原綠球藻會出現在低養分的水域，從海水表面到幾乎沒有光的水深二百公尺處，都有它們的蹤跡。它們可能是全世界數量最多的生物，約有三千億個個體（大約是一噸黃金裡的原子數量），每個原綠球藻無時時時刻刻都忙於吸收二氧化碳、產出氧氣——我們吸到的氧氣，有一半以上都產自海洋。

光合作用是所有生命的根本，而原綠球藻就是大自然基本支援服務的代表物——它們的生命過程就是所有潛在產品及服務的基礎，確保生態系統運轉的必要條件。這些基本維護服務：光合作用和初級生產、創造棲息地、養分和水循環、製造土壤、控管有害生物，對地球上的生命來說非常重要，因此，我們可以形容這些自然產品及服務是生命織錦的經線——你在編織時縱向拉過織布機的線。數百萬物種及牠們的棲息地交織在這些經線間，創造出自然與我們從中獲益良多的其他產品與服務。

管理公司服務與這類支援服務間的區別，是時間與程度的問題——支援服務的時間較長，地理範圍也更大，但從一個區域到另一個地方的轉換過程可能較不穩定：雖然局部分解土壤只需要數十天甚至數年，但我們可以說要形成肥沃土壤是一段緩慢、全球性的過程，需要數千、甚至數十萬年時間。

鯨落與白金

讓我們再次回到海洋：想像你漂浮在鹹水裡，周遭一片漆黑，非常寒冷，氣溫趨近零度。你躺在一片荒涼海床上，上面是充滿陽光、生命、各種自然運作的上層水域，原綠球藻和其他浮游生物產出氧氣，牠們是豐富食物鏈的基礎。上方好幾噸的水產生極大水壓——就像一堆成年大象在你頭上倒立。歡迎來到深海，水平面下兩百公尺處的荒涼棲息地，這裡涵蓋了三分之二的地球面積，九十%的海洋生物都在此聚集。

有時候，這裡也會下雪，但雪從不融化，那是海雪（Marine snow，或稱海洋雪花），和冰晶不同，它是從上層水域飄下的死亡生物產生的微小碎片，滿足深海生物絕大多數的食物需求。這可是千載難逢的畫面，一個真正的龐然大物從上層落下：鯨落（Whale Fall），讓我大腦顫動的詞彙。我的腦海裡想像的是一座巨大的血肉、鯨脂、骨頭山，穿過重重水團，緩緩地、莊嚴地沉落。數噸重的碳、氮、鈣、磷進行生命的最後一次潛水。我不知道死去的藍鯨要花上多久時間，才能沉到最後的長眠之地，但從落地到消失無蹤之間，是數十年的事。

在深達一千公尺的海床，食物供應量極為有限，而且遇到下一餐的時間、地點差距都很大，深海鯨落就像是奢華飯店的自助餐，降落在荒涼沙漠正中央——那是豐富的食物來源，海洋下層的居民更能大展所長，好好享用。鯨魚成為一個熱點，許多奇特、某種程度上未知的各種物種都會來踩點。

我們一起看看鯨魚屍體上能看到的一種特殊生物：食骨蠕蟲（Bone worm），也稱殭屍蠕蟲（zombie worm），是一種分節蠕蟲，也是蚯蚓及水蛭的遠親。但這個家族的相似性並不明顯：食骨蠕蟲更像是植物，身體一端有根一般的構造，顏色鮮明，另一端則有搖曳的似羽毛構造。牠們吃骨頭，但沒有牙齒——甚至沒有嘴巴，而是從「根部」分泌一種酸來分解骨頭構造，與牠們體內的細菌密切合作後釋出養分，另一端的「羽毛」則像鰓的功用。直到二〇〇二年這種屬被發現後，有更多分布於世界海洋中的物種也被挖掘出來，科學家開始推測，除了鯨骨外，食骨蠕蟲是否也吃其他東西。

食骨蠕蟲的性生活也挺不一般，雌性比雄性體型更大，用人類的話說，就像有一個裝在茶匙裡的小丈夫。因為深海荒涼又寂寞，牠們彼此很難找到對方，食骨蠕蟲簡化了這一切：矮小雄性直接生活在雌性體內，而且數量不只一隻，是幾乎一整個後宮。

當我們談到體型和性別差異時，順便說一下，雌藍鯨的體型也比雄性大。而藍鯨是有史以來體型最大的生物，表示地球上體型最大的生物肯定是雌性——就像一座雌藍鯨巨山。

雖然對深海的食物循環來說，死亡的鯨魚是個好東西，但活的鯨魚就更好了。就像亞馬遜的樹是生物泵，影響著永無止歇的水循環，這些巨大的鯨魚則是提供燃料給泵系統，在海裡垂直、水平地讓食物流動——在甲地吃東西，在乙地丟掉廢棄物或死亡，牠們用這種方式把食物帶往有需求的地方，為其他生命製造廣大的漣漪效應。

科學家已經發現，這些大鯨魚幫忙將食物送往最迫切需要食物的海洋各處，如座頭鯨、抹香鯨、藍鯨。這些鯨魚潛入海洋尋找各種食物——魚、章魚、磷蝦。接著牠們會游出海水表面呼吸，也會排出排泄物，就漂在海面上。鯨魚用這種方式，將養分和礦物質（如氮和鐵）送到海面。在某些海域如南極洋，浮游生物的生長常常受限於鐵質，而抹香鯨糞便中的鐵含量至少比海水高出一千萬倍，因此抹香鯨的存在有助於浮游生物生長，換句話說，表示能行更多光合作用，從大氣中捕捉更多二氧化碳——一旦浮游生物短暫的生命結束，碳就會以海洋雪花的形式沉入深海。一份南極洋的精密計算報告顯示，抹香鯨每年可從生態系統中捕捉數十萬噸碳，然後送進深海儲藏起來。

除此之外，許多大鯨魚也會長途遷徙，這是我們所知的哺乳動物中，最讓人難忘的年度遷徙。例如座頭鯨會從高緯度、養分充足的水域裡捕食，再遷徙到較溫暖、缺少養分、靠近赤道的海域分娩，牠們通常不在分娩海域進食，只靠鯨脂維生。但牠們還是需要小便，而牠們排出的尿液富含氮——在這些海域裡，氮可是稀罕極了的東西（若是你的體型又很龐大時：一名冰島科學家估算，長鬚鯨平均每二十四小時會排出九百七十四公升尿液）。於是鯨魚的長途遷徙成為食物輸送帶很重要的一環，從養分充沛的海域輸送到貧瘠海域。

透過鮭魚游向上游，也在上游死亡，養分也會更進一步被送往陸地和淡水，更別提海鳥也會在海上獵食、在陸地排泄（其實從衛星照片上能看到企鵝聚集地的糞便，也可以用來追蹤牠們）。很難不把牠們形容為極熟練的食物快遞員，我們在講的是非常龐大的數量：海鳥每年運送三百八十萬噸氮、六十萬噸磷前往內陸——對陸生動物來說，也是很重要的養分來源。

在沿岸築巢的海鳥群也很重要。海鳥糞便在這裡累積了很多年，獲得一個新的、美麗的名字：鳥糞石（guano），這個詞源於克丘亞語（Quechua），在南美州安地斯山脈附近約一千萬人使用的語言（隨口一說，我們也要感謝克丘亞語，才有羊駝〔llama〕、古柯鹼〔cocaine〕這些詞彙，同時也是科幻電影《星際大戰》中赫特語的起源，那個惡名昭彰、長得像癩蛤蟆的黑道老大賈霸〔Jabba the Hutt〕所說的語言）。早在十六世紀歐洲人抵達前，南美洲印加人已用了數百年的鳥糞石肥料。沿著海岸，每個村落都有被配給的鳥糞石島嶼，人們能夠在自己的劃分範圍內採收鳥糞石，任何打擾鳥排泄的人都會受到嚴厲懲罰。

環遊世界的德國自然學家洪保德是首位把鳥糞石樣本帶回歐洲的人，他非常懷疑當地人說的——鳥糞石是鳥拉出來的。因為鳥糞真的太多了，多到不太像是真的，洪保德反而認為，鳥糞山是源於灰暗、遙遠的過往，是某次神祕的災難結果。

歐洲的化學工程師很快就認定鳥糞石是耕地的超級肥料，因為裡頭富含的氮、磷、鉀——全是植物所需的重要養分。約在十九世紀中期，緊接而來的是一段短暫且密集的時期，人們大量採獲鳥糞石，而在獲取「白色金礦」的競爭中，整片島嶼幾乎被夷為平地。美國甚至頒布新法，一八五六年通過的《鳥糞島法》（Guano Island Act）確立，若美國公民發現鳥糞石島且無其他國家聲稱擁有此島，則該島可被視為美國島嶼，且發現者可帶走所有鳥糞石並販賣——給美國人。就是這樣。

就像整件事的開端一樣突然，鳥糞石市場急遽下滑，因為鳥糞形成的白色山脈消失了：開採、運走、散布在農業用地、在歐洲和美國長成小麥穗和馬鈴薯塊莖，甚至，當時更大的海鳥群都無法產出足夠的糞便，跟不上採收的速度。幸好，在那不久以後，人類為了生產糧食，發明出了人工肥料。

在史前時代，大量養分沿著供給線從深海流向海面，從海洋流向陸地，從沿岸流向內陸，現在這條供給線已經被打亂。如前所述，大多數大型食草動物都已滅絕，雖然還有一些鯨魚數量正在回升，但仍遠低於我們開始獵捕前的數量。許多魚類資源已經崩解，海鳥數量也直線下滑。

雖然運輸帶仍在運作，但它只帶動了以往食物量的一小部分：研究顯示，海洋哺乳動物從深海帶出的磷只剩以往的四分之一，而海鳥及逆流魚類從海洋帶往陸地的運輸量更是整整下滑九十六％。從養分充足到欠缺養分的區域，食物分布都正在惡化，有些生態系統正面臨養分缺乏的問題。同時，也很難說這將會造成什麼後果，因為從邏輯上來說，我們也沒有一萬年前土壤肥沃程度的數據。

自然的龐大食物輸送帶中，第一階段尤其重要──鯨魚將食物從深海帶往海面──如果磷和其他養分消失在深海沉積物中，從我們的時代觀點來看，它們實際上就失去作用。除了這件事，現在我們正清空地球上易獲取的磷庫存，我們必須將鯨魚及其他大型海洋哺乳動物的數量恢復至以往水平，也還有另一個理由——牠們是自然養分運輸帶中，從海洋到陸地的重要貢獻者。

世界上最漂亮的碳倉庫

如果我說「碳」這個詞，你會想到什麼？烤肉木炭、鑽石，還是氣候問題？碳與這些相關，除此之外也還有更多。碳在恆星中產出，對我們所知的生命來說非常重要。看看全身鏡中的自己，你所看到的是十四公斤左右、完整包裝的碳，吐出一口氣就對碳循環有貢獻，因為地球上的碳一直處於永恆循環，從海洋到陸地再到大氣。

儲物間通常是幽暗的地方。我位於挪威生命科學大學的辦公室，大樓深處就有很多儲物間：一個又一個貨架沐浴在刺眼的光線下，儲物間的混凝土牆投以尖銳的回響。但自然儲物間則完全不同，我造訪了我心目中世界上最漂亮的碳倉庫之一——加州紅杉林，我很少能同時覺得自己又渺小又巨大。

渺小是因為周圍的樹幹都如此巨大，完全不成比例，很難相信自己的眼睛——就像你是一隻小老鼠，而這些樹就是大象的腿。一絲細微的薄霧溜進樹幹和巨大蕨類植物間，就像挪威的一首民謠Alvedans——意思是「精靈之舞」。如果你頭向後仰，就能看到高處有一叢綠油油的林冠，大概在你上方一百公尺。

同時，這裡也有某些廣大、精神上的存在，可以感受到周遭慢生活的歸屬感。《世界之意即森林》（*The Word for World is Forest*）是美國科幻小說作家娥蘇拉．勒瑰恩（Ursula K. Le Guin）的著作，書裡寫的就是這種感覺。我慢慢地呼吸，希望我每一口呼氣都能被天空中綠色灌木林裡的針葉捕捉到；那是「我的」碳原子被塑造成樹皮和生物量，成為森林世界的一部分——世界上最漂亮碳倉庫的一部分。

雖然紅杉木如此巨大，需要一小群人伸出雙臂才能環住樹的根部，樹幹卻不是儲存最多碳的部位，超過一半以上的碳——確切地說，可能北半球森林裡八十%的碳都存於地下。

不管土裡長出什麼，土壤就是巨型碳倉庫。即使如此，和海洋相比也不過是九牛一毛，海洋是更大的倉庫，儲存的碳比土壤、植物、大氣加起來都還多。每一天、每一分鐘，碳原子都會透過這個系統移動，光合作用、燃燒、分解、吸收水分和其他過程都在幫助永無止歇的碳循環。但是大自然已經把大量的碳（其實遠超過地球總量九十九點九％）藏在更難靠近的倉庫——埋在沉積物裡，在地球的地殼和地核裡。這就是被我們攪亂的事，當我們提取化石燃料，如石油、瓦斯，就會讓碳進入地表上的碳循環。我們應該要好好了解後果：雖然陸地和海洋可以吸收很多碳，大氣中的二氧化碳含量依舊在持續上升。工業革命之前，大氣中的二氧化碳含量是零點零二七七％，到了二〇一七年，已攀升至零點零四五％，導致溫室效應加劇，地球暖化更嚴重——以及隨後發生的種種挑戰。

碳對海洋的影響，我們可能所知甚少。當空氣中出現更多二氧化碳，就會有更多二氧化碳被海洋吸收，降低海洋酸鹼值，讓海洋酸度更高。早在一七五〇年之前直到現在，海水表面平均酸性提升了二十六％。海洋中有無數物種的身體是由鈣質形成——從微小的浮游生物到珊瑚礁這類大型聚落。鈣質是一種白色物質，我們比較熟悉的就是蛋殼。當海洋變得更酸，產生化學變化，以鈣為基礎的物種便難以製造鈣質外殼，儘管我們還不夠了解海洋酸化的影響，但我們知道挪威北部的海域格外脆弱，某種程度上是因為冷水比溫水更能吸收二氧化碳。

俗話說，魔鬼藏在細節裡，用這句話來表達碳循環特別貼切，因為雖然地球的碳總量沒有變，和地球誕生時一樣，幾乎都儲存在地球的中心，但剩下十億噸的去向也並非無關緊要。我們透過化石燃料送往大氣的額外碳量，就是造成的嚴重後果，魔鬼般的細節。

健康的自然調節疾病

大自然擁有內建的疾病調節系統，牽涉到不同物種間複雜的交互作用，我們最好也讓自己和這個系統更熟一點。越來越多研究顯示，我們可以透過抑制自然退化來保障健康——我們自己、家畜和野生動物的健康，也保護完整生態系統，以及隨之而來的物種多樣性。

有人說，生命總歸是一場對抗寄生蟲的戰爭。至少牠們數量很多，而傳染性疾病也是造成地球上四分之一生命死亡的因素。這些疾病由多種生物造成，細菌、真菌、病毒、各種寄生蠕蟲都是禍端，而這些疾病中六十%都能在動物及人類間相互傳播——如新冠病毒、狂犬病、禽流感、伊波拉病毒、茲卡病毒，還有萊姆病（Lyme disease）等壁蝨媒介性疾病，以及沙門桿菌屬等消化道感染。

近數十年來，世界上有更多傳染性疾病出現，而且顯然主要是動物傳播疾病，新型疾病中占了七十五%之多。這絕非偶然，我們對地球生態系統及氣候影響深遠，正在攪亂自然調節疾病的後援系統，也增加了疾病傳播的可能性。

隨著人口不斷增長，因為農業、建築、棲地零碎化，越來越多自然環境被破壞，我們也讓自己與野生動物的距離更近。這增加了傳染疾病的動物與人類間，或野生動物和家畜間偶然碰到或接觸的機會。自一九四〇年以來，所有新型動物傳播的傳染性疾病，有一半以上與農業及食品工業相關。

如我先前提到的，為了食材、入藥，野生動物的合法、非法貿易也會提高傳播風險。食品市場上可見活體或死亡動物，野生和圈養的也一樣，通通擠在惡劣環境下，挑戰著我們的健康與動物福利。好幾種嚴重的傳染性疾病都透過動物傳播，近年來綜觀全世界，幾乎可以肯定肇因就是狩獵及野生動物貿易。除了新冠病毒，還有SARS、人類免疫缺陷病毒（HIV）、伊波拉病毒和禽流感變種病毒。

人類入侵自然，也侵蝕了自然內建減少及調節疾病風險的系統，這可以用多種形式表現出來：例如說，比起其他物種，某些物種是更適合細菌或病毒的宿主，問題是我們減少了物種多樣性時，最「擅長」散播傳染病的物種往往會發展得最好。以小型齧齒類動物為例，廣適者能在任何地方採取一種「且走且看」的方式生存：牠們壽命很短，所以把精力花在產出越多越好的下一代，而非提升免疫系統。

很多大型動物，如捕食者，就採取非常不同的策略。相對來說，牠們壽命更長，一般來說會在穩定免疫系統投資更多，因此對許多傳播疾病的生物來說，牠們是不好的宿主。完整的生態系統中，這些生物就像抵禦疾病散播的緩衝物，因為牠們削減了傳染病發生率。但大型捕食者需要較大的場域才能生存，不會在接近人類的地方長大，這就是為什麼我們改變自然時，牠們是最先消失的物種。當牠們不見後，削減功效也隨之消失，而我們造成的影響會推動自然條件，朝著增加傳播率及傳播可能性的方向增長。

自然的疾病調節不僅關乎我們的健康，也牽動著地球與家畜的健康。西班牙研究報告指出，狼的出現可以抑制致命性動物疾病，如家畜中的結核病。研究顯示，當狼殺死了有如疾病儲藏庫般的野豬，就減少了散播疾病的機率，卻不會削減野豬的總數。沒有狼的野豬群，可能患有結核病並死於這種疾病；有狼控管的野豬群，其總數可能差不多，但疾病較少。

傳染頻率較低的好處是受農民圈養的家畜，其被感染的可能性也較低。該研究報告的協作者之一指出，雖然狼也會獵殺家畜，而政府付給農民的賠償金，也只是每年防治動物結核病花費的四分之一。

調節疾病很複雜。儘管還有很多問題未解決，跨政府生物多樣性與生態系服務平台也已經說得很清楚，保護完整生態系統和原有生物多樣性能減少傳染病範圍。掌握一個重點：公共衛生、動物衛生、生態環境健康息息相關。自然系統將我們的健康與家畜緊密地連結在一起，透過對動物使用抗生素、透過現代農業和物種滅絕、透過氣候變遷，我們必須用全體一致的角度思考這件事，正如健康一體（One Health）強調的概念。如果不這麼做，我們就是讓後代成為健康與預期壽命都嚴重衰退的第一個世代。

讓我們看看自然調節疾病的例子。從前，旅鴿（passenger pigeon）的數量實在太龐大，常常讓天空灰暗好幾個小時，當時可說是全世界最常見的鳥類，主要生活在北美，在樹上大規模築巢，以橡實和其他種子為食。當你屬於有數十億個體的物種，無庸置疑地能影響整個生態系統，但事情變化得太快了。科學家估計，在人類尚未對旅鴿造成負面影響前，旅鴿應該占據北美鳥類總量的二十五至四十％之多（！）。十九世紀後半的數十年間，這個物種從數量龐大到消失無蹤：也就是滅絕。鳥類築巢的森林被砍伐，趕盡殺絕式的狩獵都是重要因素。隨著電報及鐵路發明，渴望狩獵的獵人能輕易地傳遞鳥群在哪築巢的消息，到了那裡，再把抓到的鳥送去市場。一八七八年的三個月期間，同一個巢裡的五十萬死亡旅鴿及八萬活體旅鴿被火車送往密西根——然後據說，又有同樣的數量再次以船運送走。

這件事本身就夠悲哀了，但或許旅鴿滅絕還有其他不可預見的不良後果。因為當數十億鴿子不再到森林地面上覓食，鹿鼠（deer mouse）——一種與黃頸鼠（yellow-necked mouse）相似的美國囓齒類，忽然得到更大份的種子自助餐。當然，我們沒有十九世紀至今每年鹿鼠數量的數據，但這很可能導致數量增長。鹿鼠的毛裡充滿壁蝨，牠們就像壁蝨媒介疾病的儲藏室，也會傳染給人類，如萊姆病。有一個論點是，旅鴿滅絕也是越來越多美國人得到萊姆病的因素。

但這只是個論點，不能代表什麼。自從旅鴿永遠滅絕後，已經不可能驗證這個理論，但我們有當代研究可以佐證堅果、鹿鼠和傳染病間的關聯性。如果某一年有很多橡實，來年夏天就會有更多鹿鼠——隨後就是更多帶感染源的壁蝨。其他研究顯示，有狐狸和其他捕食者的地方，老鼠數量下滑，壁蝨也會跟著變少。但這是複雜的交互作用，涉及更多參與者與相關因素，森林零碎化是參與者之一，鹿的數量——和負鼠（opossum）的數量也是因素之一。

大多數美國人並沒有特別喜歡負鼠，雖然牠們是北美有袋類的唯一代表——袋鼠之類的近親，有超過五十顆牙齒，還有所有哺乳動物中，以體重來看最不合比例的超小大腦。除此之外，人們以前認為雄性負鼠會透過雌性鼻子交配（！），然後雌性會用打噴嚏的方式把寶寶生進肚子上的育兒袋——因為雄負鼠的陰莖呈分岔狀，似乎完美地貼合負鼠太太的鼻孔。其實不太明顯的部分是，雌負鼠也有相符的分叉陰道和兩個子宮。總之，雖然有這麼多有趣的小知識，一般人還是認為負鼠是害蟲——外型醜陋，跟老鼠一樣。

如果他們知道，這個體重只有兩百五十克的小可愛可以吸走周遭所有壁蝨，事情會有所改變嗎？事實證明，負鼠非常善於利用天生的五十顆利齒——甚至勝過所有哺乳類。在六種壁蝨的典型宿主中，目前最善於捕捉壁蝨的就是牠們，而且牠們還會把這些偷渡者吃掉。對照研究中，科學家放在這些負鼠身上的壁蝨，有九十六％無法接觸到人類。

我們無從知道世界是否會變得不同——例如說，如果旅鴿沒有滅絕的話，萊姆病是否不會傳播得這麼廣。重點在於我們通常不會知道物種徹底消失的後果，我們也不會知道牠們帶走了什麼樣的產品與服務。因為牠們一旦消失，就是永遠消失了。

好餓的毛毛蟲

我們科學家做了很多奇奇怪怪的事，而創造力就是一項好研究的重要成分。但如果有人剛好經過我們研究團隊中一位博士生羅斯·威勒比（Ross Wetherbee）在二〇一九年夏天為了新實驗而準備的橡樹，他們一定會挑起眉毛，質疑這玩笑是否開過頭了。

羅斯的博士研究是關於活在中空老橡樹的所有昆蟲，以及這些昆蟲的貢獻，為周遭提供的自然產品與服務。有些昆蟲的幼蟲階段會生活在已死的樹幹或橡樹洞裡，幫枯木變成土壤。就像甲蟲成蟲，有些成蟲會在花與花之間飛來飛去，幫忙授粉。橡樹中的其他居住者可以加入一種森林法執法機構：牠們是吃其他昆蟲及蟲類的捕食性昆蟲，可以控制其他蟲類數量，避免數量變得太多，自然構造非常聰明，能在捕食者與被捕食者間取得動態平衡。這是一場你必須緊緊跟上的永恆競賽。

我們應該要好好理解這些連結，因為當我們擾亂獵物（或植物性食物）與天敵間的關係，就要面對害蟲（及雜草）出現的種種挑戰。正如我們大面積種植同一種食物，為毛毛蟲提供一場盛宴，享用食物的同時，也除去了能抑制毛毛蟲數量的捕食性昆蟲棲息地。

這就是我們想研究的東西。老橡樹就像這些飢餓的捕食性昆蟲的源頭和聚集地，為了試驗這個論點，羅斯做了人造毛毛蟲，也就是假的毛毛蟲。用孩童在幼稚園裡玩的那種綠色、咖啡色、黑色黏土，做了七百二十隻直徑三公分、跟鉛筆差不多寬的假毛毛蟲。很多假毛毛蟲都是在來往莫斯鎮（Moss）與霍爾滕（Horten）間的渡輪咖啡店裡做的，同行乘客有人覺得有趣，也有人竊竊私語。

羅斯在每條毛毛蟲上都留了一小段戳出來的鋼線，這樣就可以固定在樹幹和樹枝上。一半被放置在老橡樹洞附近，另一半放在較年輕的橡樹附近，確保這兩處的森林看起來比較相似。

假的毛毛蟲放在森林時，會被各種捕食者攻擊——被誤認為是真正的毛毛蟲開胃小菜。毛毛蟲被固定後幾天，就會被收集起來檢查咬痕，因為各式各樣食蟲動物——鳥類、哺乳動物、昆蟲，其咬痕大不相同。有咬痕的毛毛蟲數量，可以用來測試有多少食蟲動物曾出外活動。

以前就有人曾用過這種假毛毛蟲實驗。二〇一七年，一項大型國際研究為了觀察全球樣本，曾設置三千隻黏土毛毛蟲，遍布澳洲至格陵蘭。接著他們發現系統化的模式：比起極圈的毛毛蟲，靠近赤道的毛毛蟲被吃掉的機率高出八倍，但造成這個差距的原因不是鳥類和哺乳類，而是捕食性昆蟲造成的——尤其是螞蟻，顯示出昆蟲作為捕食者的重要性。

羅斯的研究尚未完成，但中期結果已顯示出差異：老橡樹附近被咬的毛毛蟲數量較多。昆蟲聚落的比較結果也證實，老樹附近的捕食性昆蟲不僅數量更多，也表現出更多特性，讓捕食性昆蟲的「執法機構」變得更有效又強健。

這個案例的寓意是個普遍觀點：在大自然中，不是吃，就是被吃，這是一種平衡，不斷進化的動態平衡。自然的基本支援服務就包括預防單一物種主宰一切的機制——成為主宰世界的巨無霸害蟲或超級野草。這是我們應該更大程度運用的知識，尤其是農業。如果農地景觀能和自然有更多合作機會，就能走向雙贏局面，用自然系統抑制害蟲及野草，同時也能減少使用毒藥及殺蟲劑，至少還能培育出等量的食物，卻是用更永續的方式。

雖然大多數人沒有意識到這些，但實證可是大力支持科學，極具壓倒性且有大量案例。舉例來說，在整個英國有超過兩百五十個實驗地，步行蟲（ground beetle）幫忙吃掉了大量野草種子，否則種子將在土裡生根，農藥需求也會跟著上升：這個例子表示，步行蟲越多，野草就越少。瑞士農民會在有黑角負泥蟲（cereal leaf beetle）蟲害的麥田旁邊，種上一排排的花，此種方法能夠讓這種麥田主要害蟲的影響下降六十%——因為留給自然的狹長土地能為黑角負泥蟲的天敵提供居住空間。而在法國，科學家比較了近一千個不同類型的一般農場，他們發現，九十四%的農場能在大幅減低農藥的同時，產量維持不變——而其中五分之二甚至能增加產量。赤道附近的咖啡樹、可可樹叢上方若能保留大型樹木，就能加強控管野草及害蟲，也能帶來不少好處——例如增加長期盈利能力。在英國、法國、德國、西班牙的一項實驗研究顯示，農地景觀變異及小型農田能促進野外授粉昆蟲數量，增加種子產量，因此我們應該想辦法限制大規模集約農田。

我還有很多能說下去。如果你也把各種野草與抑制害蟲物質帶來更多不良影響列入計算，它們讓生態環境更虛弱，導致自然、動物、人類中毒（根據聯合國資料顯示，每年都有數十萬人死亡，尤其是開發中國家），結論不證自明。

利用大自然服務確保豐收的時機已經來到。我們可以藉此修復更多農地景觀，包括自然植被、花草田地和老樹——就像羅斯正在研究的中空橡樹，支持自然原有系統，避免單一物種掌控一切，就能同時減少使用農藥。

Chapter 8

自然
檔案收藏館

Nature's Archives

沒有圖書館我們還有什麼？
既沒有過去也沒有未來。

——雷・布萊伯利（Ray Bradbury）

如果你搭乘奧斯陸地鐵時，在松恩湖（Sognsvann）終點站下車並往東邊看去，你會看見一棟被松樹林圍繞的白色建築。那是挪威國家檔案館（National Archives），四層樓深、防核爆的保險庫，挪威的歷史都儲藏在此——從畫家愛德華・孟克（Edvard Munch）的遺囑，到一七六九年沃瑪河（River Vorma）附近主幹道的手繪地圖，用蟲癭墨水寫下完整的註記。在這裡，你可以找到書籍、文件、微縮膠卷，還有超過六百萬張照片、約十萬張地圖和畫作。總之，這些材料讓我們了解發生了哪些改變和根本因素。

自然也有檔案館，形式完全不同：深埋在沼澤的花粉可以告訴我們冰河時期之後，不同的樹、植物是何時在挪威生根。格陵蘭冰層裡的冰芯樣本顯示過去數萬年的氣候是如何變遷。透過比較矗立枯樹的年輪和老建築物的木材，科學家就能竭力拼湊出來，告訴我們更早期的生長條件、伐木、森林大火的年輪檔案。魚類中珊瑚、貽貝殼、耳石是不同的例子，其生長可被視為不同區域的歷史。在這一章裡，我們會著眼於自然檔案案例，以及可以從中讀到什麼。

當花粉說話時

一粒沙看世界，
一朵花見天堂，
無窮握入掌心，
一時即為永恆。

——威廉・布萊克（William Blake），
〈天真的預言〉（Auguries of Innocence）

花粉不僅與植物性行為和花粉過敏相關，也是早期的氣候、植物等訊息來源，還有我們能在哪裡找到油、石器時代的人都吃什麼等資訊。此外，花粉也可以揭露偽造畫作及假藥，確定蜂蜜來源、幫忙破案。

會製造花粉的植物多達數十萬種；花粉顆粒非常小，把不同類型的花粉放大後，會讓我想起小孩吃的麥片——全都是塊狀，有圓形、橢圓形，表面有尖刺、毛孔、小疙瘩、皺褶和刻痕。有些花粉顆粒看起來像咖啡豆、檸檬或高爾夫球，有些也讓人想到現在臭名昭彰的新冠病毒。也不是所有花粉都是黃色，如果你仔細看看滿載花粉的熊蜂、蜜蜂後腿，很容易就會發現這點。比如說，如果蜂類在春天花園裡的海蔥（scilla）上採集花粉，花粉顆粒就會是藍色，而石楠或覆盆子的花粉則是深淺不一的灰色。

根據檔案庫裡的資料，花粉可以提供很多東西：不同植物的花粉也各異，所以專家可以透過科或屬辨別花粉粒，有時甚至能以種識別花粉粒。花粉顆粒表面是由我們所知自然中最頑強的物質所形成，真菌和細菌都無法滲透。因此花粉可以保存得很好，不管在沼澤還是海洋、湖泊底部，即使在化石中也能完整保存。最終植物產出的大量花粉，可以在短時間內散播出來。花粉雨可不是浪得虛名，花粉粒能經由風和水傳播，也能附著在動物皮或鞋底——基本上，它們幾乎無所不在。

這就是為什麼花粉以及其他微小、耐受度高的粒子，如真菌孢子，以及昆蟲殼的碎屑或火災造成的煤煙粒子，可以幫我們拼湊出世界以前的樣貌——也成為今日環境保護的標準。這個專門化的領域被稱為孢粉學（palynology），希臘文的意思是「灰塵的研究」。

舉個例子：在我們人類入侵之前，歐洲古老的原生森林長什麼樣子？是否在樹冠的庇蔭下，看起來茂密又幽暗，就像今日受波蘭和白俄羅斯保護的比亞沃維耶扎原始森林（Białowieża Forest）？也可能是開放式、像公園般的林地，因為大型食草動物抑制了小樹生長——就像英格蘭的鹿園或瑞典林雪坪（Linköping）附近以橡木為主的地景？

為了探究更多，科學家用空心鑽洞機得到更多沼澤與河床的岩心樣本。樣本的分層就像書的書頁，花粉粒和其他「分散的塵粒」就是文字。最新研究表示，在更早之前的間冰期，森林其實更開放，直到人類消滅了大型食草動物。

沒了食草動物，林冠生長蓋住了森林，林間也變得茂密。要讀懂這本書不容易，書中留了非常多解讀空間；關於歐洲古老原生森林，幾乎沒有人能在一片爭議中得出結論。

因為花粉及其他有機「塵粒」可以告訴我們某物或某人曾留下的足跡，它們也被用於刑事案件，能揭發偽造、偷竊、傷害、謀殺罪行。

二〇〇八年，紐西蘭一名娼妓被人以殘忍手法殺害。這件查無目的的謀殺案後數月，儘管已經深入調查，進行數百次訪談，警方仍然無法找出任何線索。嫌疑人指向一個組織幫派，因犯罪紀錄多不勝數而臭名昭彰，他們在屍體被發現的現場附近經營一間俱樂部。但警方手上沒有任何證據指向這個案件與俱樂部有關——直到他們請來花粉專家，他發現受害者鼻子裡的草類花粉有特殊特徵，可能是突變造成額外的孔洞——可能是除草劑引發的突變。俱樂部外柔軟的雀麥草已經被噴上除草劑，當這種草的花粉表現出完全一樣的特殊外觀——而且從眾多嫌疑犯罪現場中採集的花粉樣本中，唯一噴過除草劑的就是這間俱樂部，警方就能確定這裡可能是謀殺現場。這些細節說服了一名幫派成員俯首認罪，最終因殺人罪判處無期徒刑。

另一個運用孢粉學但沒那麼可怕的例子，是一批用船運送的蘇格蘭威士忌。到貨時，每個人都嚇壞了，這批貨什麼都沒了，只剩下灰色的石頭——嚴格來說是石灰岩。有人把高價的烈酒搬走了——但是，是在哪一段發生的呢？石灰岩這種東西，從貨物出發地到目的地都很常見，但是就在對石頭中的微體化石深入分析後發現，這批石頭與出貨地港口的底岩相符，因此確定，這裡就是警察必須找出口渴小偷的地方。

生命之環

「如此多的生命，」你想，

「如此多的祕密生命

圍繞著年輪！

圍繞著中心

就像敏銳目光中的瞳孔。」

——漢斯・博里（Hans Børli），〈一名伐木者的日記〉（From a Woodcutter's Journal）

挪威詩人兼作家漢斯・博里憂傷地寫道，百年耐心成長，必須屈服於電鋸這個「咆哮一分鐘的鋼鐵」；注視著根株和年輪——一圈又一圈，那是祕密生命的軌跡。運用現代方法，我們可以像讀記檔文件的文字一樣，讀懂這些曾活著的生命之環。活著與死去的樹木年輪告訴我們，是氣候變遷造成羅馬衰亡，也揭露盜墓者在古墳中的奧賽貝格號[44]徘徊了多久。這類分析結果確立了世界知名的低音提琴起源，也告訴我們挪威羅斯特教堂（Røst Church）祭壇畫，其實是十六世紀時被砍下的波羅的海橡樹製成。

樹幹的大部分都由死細胞組成，這些細胞能幫樹站直，或負責在樹根與樹冠間傳送水分。樹幹的部分活細胞存在於木材及外樹皮之間，每個生長季都會有新細胞形成於這層生長層，新細胞會朝著外層邊緣傳送光合作用產生出來的汁液。這些細胞最後會崩塌，這也是相對於樹幹，內樹皮層比較薄的原因。新的木材細胞會向內生長，樹的周長會隨之增加。

在四季分明的溫帶地區，樹在春季、早夏長得最快，夏末、秋季生長速度趨緩。年輪就是這樣形成了蒼白、較寬的春材紋路；較窄、深色的年輪紋路就是秋材，如此層層堆疊起來。針葉類和橡樹等落葉樹的年輪就特別分明。

年輪的寬度不僅會依據生長季改變，也會被氣候變化影響。乾燥或偏冷、較短的夏季生長較慢，紋路也會偏窄，因此同時間、同區域生長的樹會發展出相同模式，交替長出較窄與較寬的年輪，我們能以此判別那棵樹生長的時間及地點。研究年輪的學問被稱為樹齡學（dendrochronology，或稱年輪年代學），字面上意思就是「樹年齡的學問」。

就像松恩湖旁的國家檔案館，每一片木材——不管死的、活的，都有能讀出樹齡語言的背後故事，就說說奧賽貝格豪根（Oseberghaugen）的洗劫案

44 Oseberg ship，是挪威大型古墓中發現的維京船。

吧。這座古墓裡躺著一名手握大權的女性，葬於公元八三四年，還有一艘維京船、特殊陪葬品、十五匹馬、四隻狗、兩把斧頭——以及疑似她的女僕。

從她被埋入土堆到中世紀的某個時間點，盜墓者偷偷摸摸地來了，他們在通往墓穴的泥土通道裡留下六把鏟子、四個擔架，這些物品都是橡木製，所以能透過分析工具上的年輪推定竊賊闖入的時間。唯一的問題是，一般流程是鋸木材的橫切面，但不能為此破壞文物，於是研究人員用醫院裡拍攝3D影像的電腦斷層掃描機取代——而這種特殊掃描機通常用來分析岩石樣本。分析結果並沒有得到闖入的時間點，但顯示了擔架是由公元九五三年仍在生長的橡木所製，加上我們已知維京人通常會在砍下橡木不久後就使用它——否則橡木會開始變硬，很難做成工具，表示闖入時間可以縮小範圍在西元九五三年之後、九七〇年之前。

年輪解讀可以應用於許多領域。庫謝維茲基（Serge Koussevitzky）是世界知名的俄裔音樂家及指揮家，因帶領波士頓交響樂團多年而聞名。他是第一位翻譯謝爾蓋・普羅高菲夫（Sergei Prokofiev）交響童話《彼得與狼》

（*Peter and the Wolf*）的人（許多不同領域的名人都曾為這首曲子擔任旁白，如愛蓮娜・羅斯福[45]、蘇菲亞・羅蘭[46]及大衛・鮑伊[47]）。

庫謝維茲基最喜歡的樂器之一就是低音大提琴，據說他有一把琴由知名阿瑪蒂兄弟（Amati brothers），安東尼奧及基羅拉摩（Antonio and Girolamo）所製，這兩位是傑出的義大利製琴師家族。二〇〇四年，這把低音大提琴曾被拿來檢驗年輪，結果顯示，製成琴身面板的雲杉，在製作時至少已有三百一十七年歷史，一七六一年時還是一棵活著的樹，且可能生長在奧地利阿爾卑斯山附近的林線。一六三〇年阿瑪蒂兄弟最後一位成員過世，排除了他們製作這把知名樂器的可能性。目前看起來我們必須將這把俄羅斯獨特的低音大提琴製作者，歸功於十八世紀末法國製琴師。

鑑定考古文物、建築、樂器、藝術品的年代令人雀躍，而年輪分析也能讓

45 Eleanor Roosevelt，曾是美國第一夫人，富蘭克林・羅斯福之妻，致力於人權運動。
46 Sophia Loren，知名義大利女演員。
47 David Bowie，世界知名的英國搖滾樂手。

我們獲得自然與人類間的寶貴資訊，這正是史料缺乏的內容。而森林大火、雪崩、岩石滑動等戲劇性事件也會留下痕跡。

在奧斯陸東北方八十公里處的崔勒馬卡（Trillemarka）——這是挪威最大的森林保護區，也是我最喜歡的遠足地點——挪威生物科技研究所（Norwegian Institute of Bioeconomy Research，簡稱NIBIO）的同事曾檢視近四百棵因森林火災燒傷的松樹年輪，以了解該區域的森林火災歷史。火災傷疤是火焰穿過森林時，樹的背風面樹幹底部留下的傷痕。雖然樹會持續生長，但受到的損傷會像疤痕一樣，在年輪上清晰可見。松樹訴說了氣候與人類的故事：早在十七世紀初期，森林火災規模很大且嚴重，主要由氣候引發——炎熱、乾燥的夏季，加上雷擊導致森林起火。然而在後面兩百年裡，森林火災次數變多，但規模變小，源於人口增長與火耕運用。再兩百年後到今日，火災頻率再次下降，現在幾乎不再出現森林火災了，隨著森林裡的木材價值日漸攀升，十九世紀起已停止火耕。

因此，我們可以讀出樹自身的年輪語言，更深入了解森林目前的架構是如何被創造出來，以及我們帶著電鋸與伐木機器出現前，還有哪些過程塑造了森林的樣貌。從九千個歐洲木製工藝品的年輪紋路，依照年輪分析幫我們了解歷史，並與文字資料對照，科學家藉此告訴我們過去兩千五百年降雨量與溫度的波動，又是如何與前工業社會中的重大事件互相呼應。羅馬帝國的黃金時期與中世紀繁榮時間（約公元一〇〇〇年至一二〇〇年），夏季溫暖且雨量充足；而西羅馬帝國衰亡及混亂的民族大遷徙時期，都遇上氣候變化劇烈的時代，約公元二五〇年至六〇〇年間。

雖然現代社會較能適應短期的氣候變化，我們的社會也未能對波動免疫。年輪的祕密語言告訴我們，對穩定、蓬勃的社會來說，氣候尤為重要。也許這類檔案訴說的故事，可以給我們更大的動力，控制人為造成的氣候改變。

煙囪也會說故事

想像加拿大一棟五層樓的磚砌建築，從一樓到屋頂貫穿著一根煙囪。煙囪雨燕（Chimney swift）是在你屋簷下築巢的普通樓燕近親，牠們會在煙囪頂部築巢。燕子是非常讓人印象深刻的鳥類：牠們幾乎一直在飛行，飛行的同時也可以進食、睡覺、交配。交配之後需要一個巢孵育下一代，而這種特殊物種一般會築巢在煙囪裡，結構非常簡單——幾根小樹枝黏在一起，形成吊床般的結構，再用唾液黏在牆上。牠們就在這裡產卵，幼小的燕子在這裡度過出生後的第一週，進食與排泄全都在此完成，這些雛鳥只要把臀部朝向巢的邊緣就可以了！

在加拿大的這個煙囪已經運作了五十年以上，一九三〇年左右煙囪停止運作，一九九〇年代初期煙囪已被封頂。較低樓層的煙道裡還積累了數公尺的鳥類排泄物，層層堆疊著，這一切，都需要富創造性的開放思維，才能了解這些是寶藏，隱藏版寶藏。因為一層層的燕子排泄物包含了一套時間序列，能告訴我們過去五十年間鳥類的飲食，還有化學農藥的成分，例如DDT，全部在牠們吃下去的食物裡。

煙管最底部有一個小門，科學家可以從這裡爬進去，開始一項真的很慘的研究——從兩百二十公分高的糞便牆由下往上挖。開挖兩天後，他們已挖掉足夠的糞便，可以站直，也能採到各層的樣本。有些樣本被拿來辨別在鳥類肚子裡死去的昆蟲遺骸——還好昆蟲有耐受度很高的外骨骼。為了辨別各層的年分，科學家測量了核爆炸產生的放射性同位素[48]等級。

樣本顯示，一九四〇年代末，鳥類飲食有顯著改變，特別是加拿大開始使用DDT之後。甲蟲數量直線下降，同時另一種昆蟲種類「半翅目」——如蚜蟲、蟬、異翅亞目則數量上升。其他研究顯示，甲蟲營養價值較高，但比起半翅目更容易受DDT殘害。因此這種被迫改變的飲食內容，導致鳥類每次捕食時攝取的卡路里變少，很難得到足夠的養分。整體而言，昆蟲量也下降了，但就像其他國家一樣，加拿大也很少有人會費心監控昆蟲數量，因此很難知道確切數據。

然而，我們所知的就是煙囪雨燕的數量確實有下降。從人們首次開始計

48 核原子中不穩定、具放射性的核素。

算數量的一九六八年至二〇〇五年間，加拿大已驟減了九十五%，煙囪雨燕已被列為全球紅色名錄中的瀕危物種，從一九七〇年至今已減少了六十七%。煙囪裡的鳥糞檔案館為煙囪雨燕數量急遽下降提出一種可能的解答，雖然或許是DDT禁令所致，甲蟲比例後來有上升，但鳥類食物中有養分的昆蟲比例不曾再回到一九四〇年代初期的等級。這是我們很難用其他方式找到的知識，自然檔案館就是這樣：雖然它收藏的內容不是寫在紙上的文字，這些材料仍可以說出一段故事。如果我們能讀懂這些祕密文獻，就會有一番新見解。

Chapter 9

各種場合的概念庫

An Ideas Bank for Every Occasion

我並不是想複製自然，
而是試著找出她運用的原理。
——巴克敏斯特．富勒（R. Buckminster Fuller），
勇於創新的美國建築師

我的父親曾是一名戰鬥機飛行員，我是在挪威各地的軍事空軍基地附近長大的小孩。當我還是個孩子時，那個違反自然的景象迷住了我，重達數噸的鋼鐵轟然一聲離開地面，直至今日，我仍驚嘆於它的運行方式，而我也不是唯一如此讚嘆的人。數千年來，人類掌握自己的飛行技術之前，一直渴望地凝望著翱翔的鳥類。

在各個文化中，有翅膀的生物一直是神話與信仰的中心——衣索比亞神話中的飛馬佩加索斯（Pegasus）、天使、飛龍都有好幾個相似的例子。我們讚嘆這些飛鳥，試著向牠們學習，數百年來，我們過度執迷於翅膀上下拍動的概念。早在十五世紀末，藝術家兼發明家李奧納多．達文西（Leonardo da

Vinci）就曾草繪一台「撲翼機」[49]，是一種以肌力驅動的機械仿鳥服裝，幾個世紀來還有一些人也想用類似的裝置碰碰運氣。

但拍打翅膀並沒有什麼用：因為人類身體太重，肌肉也太弱了，直到德國航空先驅奧托．李林塔爾（Otto Lilienthal）長時間觀察信天翁，發現了牠們僅僅拍動一次翅膀，就可以飛行數小時。大約是在一八九〇年，他終於領略了滑翔飛行的原理，一切才露出曙光。一九〇三年十二月十七日，美國北卡羅萊納州颳著大風的沙灘上，我們人類正式把自己提升到與世界鳥類、蝙蝠、昆蟲同個等級。儘管，事實是萊特兄弟（Wright Brothers）的飛行機首次成功飛行的，只飛行了十二秒，距離比現代波音七四七的翼展還短，但此壯舉證明當我們模仿自然方法，運用我們的機智與智慧，就能有所成就。

再把時間拉近些，鳥類還啟發了火車設計師，蒼蠅則啟發了數據工程師，而其他物種則為智慧型材料及減少交通堵塞指出明路。還有一些讓人驚喜、驚

49 ornithopter，字根由希臘文中鳥（ornithos）與翅膀（pteron）組合。

訝的例子，關於如何利用狗、鴿子、蝙蝠執行我們的命令，無論在戰爭還是和平時期。

世界上的數百萬種物種藏著許多尚未被發掘的聰明方法，畢竟，自然可是用了數十億年來開發自己。有些重要原理也區隔出自然有機過程與我們的技術方法間的差異：自然有機材料是在常溫、常壓下產生，自然也盡可能用了最少的資源及能量，廢物回收再利用——是真正的循環系統。從自然程序、材料、形狀中汲取靈感，我們可以找到更聰明、更永續的方法面對自己的挑戰。

表面自清功能的聖潔蓮花

帶著清澈的露水，
我會努力洗去
浮沉世界的塵埃。

——松尾芭蕉，十七世紀所著之俳句

雨下得突然，不是溫和友善的細雨，而是堅定持續的傾盆大雨。我們一共五人：丈夫、三個孩子和我，卻只有四把傘，因為造訪京都府立植物園是我的主意，分配雨傘時吃點虧也很公平。我開始感覺到我的涼爽夏季洋裝就像印花潛水服一樣黏在身上，與此同時，這場雨忽然給了彩蛋，如此有趣的現象，根本就是在測試手機上的鏡頭有多防水。

我們當時站在蓮花池畔，一個淺淺的水池。一種像睡蓮的植物，從泥濘的池底伸出柔軟的綠色莖部，但這些植物並不滿足於讓葉子整齊地躺在水面，就像一般睡蓮那樣。不，蓮花想要更高：就像變形的蠑螈，加速生長的睡眠，它的莖很快地長出水面，朝著這場雨，高舉著葉子與淡粉色的花，在水面上半公尺那麼高。創造出水上版的童話森林，這是雪伍德森林[50]裡找不到的東西，我瞬間明白了那本在售票亭拿的聰明地圖（現在已經被雨水淋成一團難以辨識的

50 Sherwood，英國皇家森林，傳說中羅賓漢就住在這裡。

纖維糊），為什麼會形容這個池塘是「最值得出現在《愛麗絲夢遊仙境》裡的森林」。

我沒有看到愛麗絲的蹤影，但我看到其他更能延伸想像的事。滴在蓮花葉片和花朵上的雨滴不假思索地彈開，在葉片間翩翩起舞，就像一顆顆閃爍的銀球，一下跑到葉子的邊緣，一下又聚集在葉片中間，成為閃閃發亮的水池。水滴沿路帶走灰塵和泥土，留下淡粉色花蕾與蓮葉，光亮潔淨。

這就是在幾種東方文化中，蓮花被視為神聖之花的部分原因。在佛教裡，蓮花象徵著身體、靈魂、談吐的純淨，高於象徵欲望的泥濘沼澤之上。傳說中，佛教創始人、被尊為釋迦牟尼佛的喬達摩．悉達多，出生時便能行走，他走過的路上蓮花盛開，佛祖及某些東方神祇經常被描繪坐於蓮花座上。這種植物也因擁有人類所知能活最久的種子而備受關注：一九八二年，美國植物學家設法讓已經一千兩百八十八歲的中國蓮花種子發芽。但是，是什麼讓蓮花可以自體清潔？它們是怎麼有效率地洗掉灰塵？我們能模仿它們嗎？

這正是威廉．巴斯洛特（Wilhelm Barthlott）好奇的部分，他是德國波昂（Bonn）植物園園長兼系統分類及生物多樣性領域的教授。一九七〇年代初期，他發現某些植物的葉片在顯微鏡下看起來總是很乾淨，是它們特別光滑嗎？這位教授用掃描式電子顯微鏡比較了不同植物的葉子，那是一種既可以放大畫面，影像又能非常清晰銳利的工具。他在顯微鏡下研究蓮花葉片時，發現表面一點都不光滑——還完全相反，他看到的更像雞蛋盒的內部，有很多突起的疙瘩，它本身的表面就不平坦。

這正是蓮花葉片能自潔的原因：因為這些突起的疙瘩，雨滴落到葉片時很難接觸到蠟質表面。相反地，這些雨滴會在疙瘩的頂端，從它們之間空氣的緩衝區得到額外支撐力，有點像苦行僧躺在他的釘床上：他的身體重量會平均分布在一千根釘子上，釘子無法刺穿他的皮膚。因為和葉片表面接觸的面積很小，雨滴很容易滾落，也因為一粒灰塵接觸表面的面積不大，能輕易地附著在水滴上，再一起從葉片上滑落。

巴斯洛特花了很多年開發自潔表面的構想，並將想法賣給產業。直到一九九〇年代，「蓮花效應」（Lotus Effect）才被註冊為商標，取得專利並發表於科學期刊。現在你可以買到自潔塗料和自潔玻璃窗，科學家至今仍持續研究讓結構變得更耐用（窗戶壽命通常比蓮葉長），並開發新的應用領域。

科學家也還在更深入地探索大自然概念庫，從其他「具防水特性」的植物中尋找靈感，羽衣草（Lady's mantle）就是其中之一。它們會將晨露聚集在葉片的底部形成水珠，花圃裡其他植物上的露水都不見了，羽衣草的露水卻還在。以前的人相信這些露水有神奇功能，從羽衣草上掉落的露水是鍊金術士製金的必要成分——羽衣草的學名*Alchemilla*就反映了這件事，意思是「小鍊金術士」。人們認為這些露水可以治療眼睛痛，但如何讓露水從葉片上直直滴入眼睛，這並不是件容易的事——現在我們知道為什麼了。

如果你放大看羽衣草葉子的照片，你會發現葉片底部集水區有一片毛髮森林，每一根的尖端都有小塊狀物。這些毛髮就像帶著尖刺的狼牙棒——一種中世紀的武器，一根棒子上有很多尖刺的球狀物。這些構造輕輕地固定住葉片表面的水。因此，陽光照射在葉片上時，就沒那麼容易發熱，水珠也能維持更久。至於這對植物有什麼意義，我們還不知道，但這些固定水分的毛髮解釋了為什麼我們很難把水珠從葉片上倒下來，也很難讓它流到你所期待的地方——例如說，你疼痛的眼睛裡。

很多植物都有各種相似的防水或吸水表面結構——羽扇豆、紅三葉草（Red clover）、沼生大戟（Cushion spurge）也都是正在被研究的植物。更了解植物王國這類聰明的微小細節之後，材料科技學家希望能靠自己，設計出隨意控制水源的太陽能板或其他材料。

新幹線——鳥喙型子彈列車

在日本搭乘大眾運輸旅行是很方便的事，或者我們也曾發現在鄉鎮搭車時，是下車才付車資而不是上車時。永遠準時的新幹線列車在大城市間賽跑，穿過稻田及竹林，速度實在太快，很難注意到植物已經生長得太靠近鐵路線。它確實很快——每小時可達三百公里，我試了好幾次才成功錄到火車經過月台的畫面，因為在我從口袋拿出手機並轉為錄影模式前，列車早就開走了。

高速已然造成問題。早期新幹線的車頭形狀偏圓且鈍，開進隧道時，列車前方的空氣成為極大壓力，當壓縮空氣被推出隧道另一端時，就會發出極大的隆隆聲——有點像戰鬥機打破音障（Sound barrier）的聲音，對住在列車沿線的人來說，真的非常不舒服。

還好，負責重新設計新幹線的工程師之一非常熱衷觀察鳥類，他從翠鳥的喙部得到靈感。這些藍橘色、灰雀大小的漂亮鳥類，有時會以外國訪客身分造訪挪威，牠們會潛入河裡、湖裡捕食小魚和水裡的昆蟲。翠鳥長而有力的喙可以縮成一小點，平順地潛入水裡，幾乎不會濺起水花。工程師們測試了各種列車設計，發現透過模仿翠鳥喙形狀的列車，能降低空氣阻力、功率消耗及隧道聲響。

預計在二〇三〇年上路的新鐵路車輛更進一步，新的新幹線設計Alpha-X，時速最快可達近四百公里，翠鳥式空氣動力學的特性使得第一節車廂會變得更長，約有二十二公尺。透過這種方式，設計師希望和自然學到的這一刻，能讓列車的速度更快且沒有惱人噪音。

＊＊＊

鳥類，更具體地說是貓頭鷹，可以為我們帶來更多設計靈感，做出噪音更少的飛機。貓頭鷹的尖喙及幾乎沒有聲音的夜間飛行，使其圍繞著神話與神祕色彩。歐洲文化中，從《伊索寓言》（*Aesop's Fables*）到卡通小熊維尼，貓頭鷹在這些故事裡都象徵著智慧，而其他北美原住民部落則將貓頭鷹視為來自死亡國度的信差。或許後者並不讓人意外，畢竟貓頭鷹實在太無聲無息，似乎可以突然現身在非常黑暗的環境。

但是貓頭鷹怎麼做到無聲飛行的呢？除了相對於身體大小，貓頭鷹的翼展很大，可以減少拍打翅膀的次數，另一個答案則藏在重要的小細節裡，就是牠們的羽毛結構。在貓頭鷹翅膀羽毛前端有梳子狀的牙齒或尖端，可以驅散亂流，否則就會產生聲音，而後端柔軟的邊緣能更進一步抑制聲響。貓頭鷹整個身體都覆蓋著柔軟、更能吸收聲音的羽毛，摸起來非常舒服。幾年前的晚秋，我剛好有機會參與受認證的保育員夜間巡邏，那時我摸過牠們，我抱著一隻鬼鴞（boreal owl），直到保育員完成紀錄後，牠無聲地拍打翅膀消失在黑夜裡，簡直就是魔法。

現在，受到貓頭鷹羽毛啟發的消音技術正運用於電風扇的葉片，研究人員正努力將它廣泛運用在風力渦輪機及飛機上。鳥類啟發的設計不僅可以用來降低飛航噪音，也可以減少燃料消耗。也許幾年後我再去日本時，我會搭乘一台有羽毛的電動飛機前往。

我這樣夢想著，不行嗎？

永不褪色的顏色

二〇一八年七月的某一天，一封電子郵件在休假期間飛進我的工作信箱，附上三張閃閃發亮的巨大藍蝴蝶照片，旁邊還有量尺。這封郵件來自挪威東南部東福爾省（Østfold County）的一名女性，她期待我能告訴她這是哪一種蝴蝶。這隻蝴蝶飛進她婆婆的臥室，她試圖幫助蝴蝶重獲自由，但蝴蝶後來還是死在地板上了。就這件事而言，並不是什麼特殊事件——我看一眼附上的照片，就知道這是一隻雄性摩爾福蝶（*Morpho*），一種生活在南美洲、中美洲的物種，這件事最神祕的點就在這裡。那一年挪威度過了酷熱的夏天，但不能解釋為什麼熱帶蝴蝶會突然出現在不該出現的海洋彼端。

摩爾福蝶（又名閃蝶）本身就是令人驚豔的景象。閃蝶屬的蝴蝶是體型最大的蝴蝶，翼展達二十公分。而牠們真正的特別之處，是這種屬之下許多物種的翅膀背面帶有迷人的金屬藍光澤，取決於觀賞角度不同，其色彩光澤也會有細微差異。翅膀的下方也很漂亮：有棕色的大圓圈，看起來就像眼睛。

但翅膀的藍色表面並不是真的藍色——牠們沒有藍色色素，顏色是從翅膀表面鱗片上的微小結構製造出來。我們在說的是奈米結構，尺寸大約是一毫米的百萬分之一。如果你可以拉近看看鱗片上的細節，你會發現每個鱗片上都覆蓋小小的脊線。橫切面來看，這些脊線就像聖誕樹，樹枝向兩旁伸出。這些奈米結構可以切斷光線，用特殊的方法反射出來，因此表面才能呈現閃閃發亮的藍色金屬光澤。此外，這些結構鱗片上還有半透明的鱗片，能幫忙擴散色澤。

摩爾福蝶的藍色外表有許多吸引人的角度，其色澤強烈而閃爍，褪色從來就不是問題，因為無關色素，就能一直維持色彩，牠們不會變淡，因此如何模仿蝴蝶天藍色翅膀的研究從沒少過。紡織工業感興趣的原因是希望製出獨特性質的織物，而這些顏色也能幫助該產業減少對有毒染料的依賴性。印刷和安全領域也非常熱衷研究：例如，這種技術能讓紙鈔上的彩色編碼變得幾乎不可能被偽造，也能用於產出更高效的太陽能板，或極其精準的化學感應器。

有些人已在實際嘗試蝴蝶風格的色彩。回溯至二〇〇八年，法國企業蘭蔻（Lancôme）推出一系列名為L.U.C.I.[51]的化妝品——光澤透明智能系列。這種專利發明涉及混合無色顆粒及結構色彩特性到化妝品中，創造出該企業自己形容的——「純淨強烈的色彩光暈」，以及老話一句：「驚人的變化」。而據我所知，這系列已經下架，或許也曾有非常驚人的價格。

還有摩爾福蝶織物，在日本以Morphotex為品牌開發。這種織物由數十層奈米級尼龍及聚酯纖維薄層組成，用此方法組合在一起就能製造出紅色、綠色、藍色、紫色的織物，且不需用到一滴紡織染料。但就目前來說，挑戰在於找出便宜且有效率的方式，提高產出具結構性顏色材料的規模。新專利持續出現，但由於競爭關係，大多數的開發過程都是關起門來研究。

在亞馬遜雨林，摩爾福蝶和往常一樣翩翩飛舞，幸福地無視牠們自然、靈巧的聰明方法在專利界掀起的騷動。對牠們來說，顏色顯然只是一種訊號，告訴敵人不要靠近，牠們照常自信地飛舞在樹冠上，看顧著牠們小小的領地。很多人知道挪威作家格特．尼加爾尚德（Gert Nygårdshaug）的小說《門格勒動物園》（*Mengele Zoo*，中文暫譯），故事中的主人翁是一名名叫米諾（Mino）的年輕男孩，他是住在雨林裡的蝴蝶收藏家。有一天，準軍事部隊出現在米諾居住的村莊，他們是為石油工業前來清理道路，而且為達目的不擇手段。

現實生活中的亞馬遜，摩爾福蝶同樣也備受威脅：棲息地遭受破壞以及非法採集。這些生物是全世界蝴蝶館的常客，許多人都渴望有一小片藍色天空來裝飾——放一隻摩爾福蝶在別針上，大規模繁殖活動就是為了滿足這種需求。

這就是東福爾省對神祕摩爾福蝶的說明：據說附近的度假小屋有人來訪，那是來自哥斯大黎加的訪客，他們帶來異國禮物：四隻熱帶蝴蝶童蛹。他們讓摩爾福蝶羽化，其中之一就是漂亮的藍色雄蝶，牠找到了通往夏季挪威的路，從那裡進入鄰近的小屋——正好，屋主的兒子正在讀《門格勒動物園》。東福爾省的摩爾福蝶就在婆婆的房間裡，結束了短暫的一生，最終被平整地固定在一枚別針上，成為這次長途旅行的紀念品，多奇特的巧合啊。

擁有黑暗之眼的蛾

拍照時，出現在照片裡的紅眼並不討喜，惱人的紅點是閃光反射到眼球後的血管所造成；輕便相機的閃光並不會製造出歡慶聖誕節的畫面，而是恐怖電影的氛圍。但是如果你是一隻蛾，從你眼中反射出的畫面不僅不好看，而且還非常危險。一旦黃昏微弱的光線反射到你眼裡，就像是打開了燈塔的燈光一樣，會讓所有捕食者朝你奔去。這就是為什麼蛾眼睛的表面有特殊抗反射層，我們可以複製這層構造，做出更好的手機螢幕、相機鏡頭和太陽能面板。

一九六〇年代，我們就已經知道蛾眼效應，但並不容易複製。又一次，這又是一個奈米結構的問題：比可見光波長更短的小突起覆蓋了眼睛表面。這些奈米突起物在空氣與眼睛間的轉換，發揮撫平功效，射入的光線不會反射，會直接穿過材料。舉例來說，這表示你可以對著窗戶拍照，而不會拍到反射在鏡子上的自己。或是看螢幕時，例如你的手機、車上的導航、機場的出入境看板，會變得更輕鬆。

隨著更了解奈米結構製程，至少有兩間亞洲企業開始生產抗反射膜的成品，你就可以固定在任何你想放置的位置。根據企業發表的宣傳，如果你把抗反射膜放在透明玻璃或塑膠表面上，百分之百的光線都會直接穿透，若是沒有抗反射膜，只有九十二%的光線能穿透。這種材料也防水，就像蓮葉，製造商吹噓他們已開始設法讓表面變得更耐用。

這種市售奈米膜也經過水下測試，發現海裡許多動物，如章魚或鯊魚，皮膚表面都有極小構造。我們目前還無法得知這些奈米結構對海中生物的重要性——或許在水下也能防止光線反射，或減少游泳時的水阻力，另一個功能或許是防止其他生物附著在牠們身上——事實確實如此，比起一般光滑表面，體型較小、具黏性的海洋生物，甚至是細菌，更難附著在這些有奈米凸起的生物身上。

這真是個好消息。不只在水裡，有了這些智能表面，就能減少船隻水線下的生物、植物生長，而且無需使用有害化學物質，對人體來說也是如此。目前這種仿生表面也在牙齒、骨骼植入物及導尿管上進行測試，以減少細菌增長。

和黏菌一樣聰明

我們高科技的現代社會帶來無數複雜挑戰，也有許多具可能性的解決方案。想想物流業：他們如何分配貨車裡的貨物及選擇送貨路線，這就是現代電腦計算功能派上用場的地方，而自然界用在解決相似問題的智慧，也帶來有用的靈感。

以螞蟻為例。螞蟻的世界裡就沒有塞車這回事，即使其數量覆蓋了八十％可用面積，還是可以不碰撞、也不需要停下腳步，以極高的效率閒晃。在相似的人群密度下，人類就模仿不來。一份報告研究了三十五個螞蟻巢穴，其中有成千上萬的阿根廷蟻（Argentine ant），科學家為螞蟻搭了兩座不同寬度的小橋，朝向不同方位，設置監視攝影機用慢速模式觀察螞蟻的交通。紀錄顯示，每隻螞蟻都不停的在適應周圍的交通狀況——根據密度而變。當周遭變得有點擁擠時，牠們會加快速度，但是周遭過度擁擠時，牠們就會把步調放慢，並停止互相問候及掉頭。螞蟻完全沒有交通號誌或環行道，卻實踐了我們只能羨慕的交通流量。希望新型無人駕駛汽車可以仿效這點，讓人類和螞蟻一樣聰明。

事實上，有很多演算法都奠基於自然及物種——成群飛行的鳥群、成群的魚群就像單一生物體一樣行動。我兒子最近正在學習成為一名數據工程師，他讓我注意到一種果蠅演算法，模仿這些可愛的紅眼小生物尋找食物。還沒說過蜜蜂演算法，蜜蜂會決定是否要跳一段搖擺舞，吸引牠的蜜蜂姐妹們前來所在之處蒐集更多食物，還是要自己回巢。

自然用數百萬年解決複雜的問題，靈感與知識也許就在最意想不到的地方等著你，例如黏菌（slime mould）這般最簡單的生物上。早在童年時期，我就對黏菌有一種迷戀，一開始單純只是牠在森林裡看起來很可愛，有強烈的色彩和很酷的挪威語名字：奶油巨魔和女巫的乳汁[52]（另一個英語中的意思顯然沒有那麼有魔力：狗的黏菌嘔吐物）。之後，當我成為學生時，又被一個黏菌科學家的故事迷住了，他把研究對象安全地放在培養皿裡過夜——但隔天早上再回到實驗室時卻嚇壞了，因為他的黏菌逃跑了。

關鍵在於黏菌是有外部消化系統的分解者，但牠們不是真菌；儘管牠們可以移動、聚集、散開，卻也不是動物；牠們雖會產出類似花的東西，但更不是植物。

黏菌是在系統分類學霸凌下的受害者，不能和真菌、植物或動物一起玩，被驅逐到藻類、單細胞物種王國去，被迫和海藻、變形蟲一起畫圈圈。這可能不太公平：雖然黏菌可能沒有大腦（但牠們有數百種性別，準確地說是交配型），卻意外被發現可以表現出更高階動物才有的舉動。

舉例來說，你可以把名為多頭絨泡菌（*Physarum polycephalum*）的黏菌放在很多死巷的迷宮中間，在路的盡頭放上黏菌的點心，如燕麥。黏菌會把細小的絲送進所有走道裡尋找食物。幾個小時後，牠就會發現能找到食物的最短路線，召回所有絲線，接著，你就能看到迷宮中最節省腳程的路線。

二〇一〇年，日本黏菌科學家運用這一點，證明黏菌具有媲美人類工程師的計劃能力。他們做出東京地區的微型地圖，在這個區域中最大的幾個城市放置燕麥。透過改變地圖上的光線，複製出交通要道上山脈、湖泊與其他物理障礙的位置（黏菌會避開強光）。接著，科學家在首都的位置放上一團黏菌，然後等待。黏菌在不到二十四小時的時間內就完成任務，以最有效率的網絡連結起放置燕麥的城市——與實際鐵路系統的相似度高得令人驚訝。

52 指的是新生兒的泌乳，傳聞女巫會偷走無人看管的嬰兒泌乳作為滋養靈魂的來源。

後來，黏菌又被要求完成幾個類似的任務。一篇科學論文下了嚴肅的標題：「用黏菌觀點看高速公路合理嗎？」當黏菌在至少十四張模擬燕麥世界地圖上受測，就等於要和全國工程師一爭高下。比利時、加拿大、中國這幾個國家，是黏菌的受測答案中，最接近實際高速公路網絡的國家——但這又引發了另一個問題，提出最理想答案的人是誰？

哪怕我的工程師兒子結束了訓練，黏菌、蜜蜂和螞蟻也很難偷走他的工作，但或許我們可以從螞蟻、蜜蜂和黏菌身上學到一些數學技巧，運用在建立更有效率、更省能源的網絡上。

搜尋隱士甲蟲的獵犬

男人醒來時說：「為什麼野狗在這？」女人說：「牠不叫『野狗』了，牠是『好朋友』，因為牠會是我們永遠、永遠、永遠的朋友，你打獵時帶上牠吧。」

——盧亞德・吉卜齡（Rudyard Kipling），《獨來獨往的貓》（*The Cat That Walked By Himself*）

自然的概念庫也包括我們和寵物的互動，以及人類借重動物的各種方式。我個人是一隻快樂狗兒的主人，或許不能說是主人，照護者可能更好：我有一隻來自導盲犬學校的狗，現在住在我家，牠已經習慣家庭的日常生活，有時我會照顧幼犬，直到牠長大到可以接受測試及訓練。其他時候只會有一隻正在受訓的狗，牠們在假日時需要寄宿在我這樣的寄宿家庭。

養寵物可以讓你變得更快樂、更健康。毛茸茸、搖著尾巴的黃金獵犬或暖心的小貓咪，都能幫你減緩壓力，促進心理健康。寵物也會帶領我們發展出新的社交關係，或讓我們多出去走走，且動物也會以不同方式展現自己的功用——無論戰時還是和平時代。

繼昆蟲之後，我覺得最酷的生物就是狗了，牠們聰明、有耐性、脾氣也很溫和。除此之外，牠們還有非常靈敏的嗅覺。把狗放在人類剛走過的路徑上的直角位置，牠們能在五個腳印之內，嗅出人類走去的方向。

正也因為這樣，狗兒可以幫人類找出受傷獵物、走私毒品或人類的疾病，這些是我已知的部分。直到我讀了一篇甲蟲獵犬（beetle hound）的文章，我才知道牠們也能幫忙保育，這對我來說就是新聞了：狗可以幫忙找出空心老樹裡稀有、受威脅的甲蟲，還有比這個更好的消息嗎？這個故事裡有我最喜歡的一切：昆蟲、老樹，還有狗。

原來有些義大利人已經訓練出一種「滲透犬」（osmo-dog）——可以聞出一條路，通往全球受威脅物種隱士甲蟲（hermit beetle）居住的空心樹。一般來說，可以靠木黴菌（wood mould）找出隱士甲蟲幼蟲，那是一種空心樹裡腐木與真菌的柔軟混合物。幼蟲透過木黴菌和空心老樹裡稍腐壞的壁上，挖掘啃咬出自己的通道。

傳統搜尋法的缺點是很花時間，而且在搜尋過程中可能會傷害到幼蟲。但有了滲透犬——訓練來尋找甲蟲的獵犬，速度就快多了。狗找到這種稀有甲蟲的速度，只需篩選木黴菌時間的十分之一：只需要讓狗在樹周圍聞幾口就好了，如果空氣中有隱士甲蟲的味道，狗就會乖乖坐下並吠叫。

但說真的，如果你就在挪威，真的不需要衝去訓練你的四腿朋友去找隱士甲蟲。因為在這裡只有一個地方可以找到牠：挪威南部的通斯堡（Tønsberg）小城。雖然我們認為這種小生物早已滅絕，但卻又出現在一個教堂的院子裡，現在《挪威自然多樣性法案》（Norwegian Nature Diversity Act）將其列為優先保育物種。

但也許還是有值得欣慰的事，那就是即使是人類用我們可憐的嗅覺，也能聞出隱士甲蟲成蟲的味道。如果你在上個夏季的某一天，在通斯堡的舊教堂裡散步，聞到一股桃子的清香，這代表了空氣裡充滿愛意，因為隱士甲蟲成蟲會用名為丙位癸內酯（gamma-decalactone）的香味化合物找到彼此並進行交配，聞起來就像水果甜香，帶著淡淡桃香或杏香，我們也會把同樣的物質加在化妝品及食物裡。

如果你還是想讓你的狗對保育有所貢獻，還有另一個選項。挪威有超過一千種昆蟲正蒙受威脅，牠們之中或許有其物種獨特的味道，可以訓練你的狗辨別、尋找氣味。狗也可以幫忙追蹤稀有物種的糞便，找出外來物種，找出被風力發電機殺死的蝙蝠和鳥類。在智利，聰明的邊境牧羊犬會帶著特製的小袋子，到處跑來跑去散播種子，讓火災災區的植被可以更快速地長回來。而在美國愛荷華州，人類最好的朋友可以聞出受威脅的澤龜科（pond turtle）物種。如果這些事情都沒有吸引力，何不就帶上你的狗狗去森林裡遠足呢？

變成炸彈的蝙蝠

我最喜歡的童年讀物是《獅心兄弟》（*The Brothers Lionheart*），那是挪威作家阿思緹．林格倫（Astrid Lindgren）所著的兒童奇幻小說——巧妙地結合了兄弟的愛與信任，以及面對權力、邪惡、惡龍時的勇氣。你還記得強納森來往櫻桃谷及野玫瑰谷之間的信鴿嗎？鴿子和其他生物在真實世界也會幫忙解決紛爭。

以古斯塔夫（Gustav）為例，空軍編號為NPS.42.31066：那是一隻灰色的信鴿，牠將盟軍登陸諾曼地的第一手消息成功傳回英格蘭。為了回報這個英勇的功績，牠獲頒迪金動章（Dickin Medal），這是動物於軍事或民防服務上能獲得的最高榮譽。銅牌上刻著「我們也貢獻良多」的文字，共有三十二隻信鴿、三十四隻狗、四隻馬和一隻貓曾獲此殊榮。附帶一提，最近一次頒獎是二〇一八年頒給澳洲軍事犬酷加（Kuga），牠在二〇一一年的阿富汗伏擊時，救了一連軍隊所有人的性命。

二次世界大戰期間，用鴿子瞄準炸彈的計劃也正進行中。美國行為生態學者提議在導彈前方設置鴿子的特殊座艙，經過訓練的鴿子會輕啄螢幕上顯示的炸彈目標，連結到鴿子頭上的纜線會控制炸彈瞄準目標。儘管鴿子計劃從未實施，另一項跟動物相關的戰爭計劃倒是落實了，和此計劃有關的是蝙蝠。

＊＊＊

幾年前我曾造訪廣島，除了商會的廢墟，以及「原爆點」附近矗立著紀念碑，這座城市的市中心看起來就和其他日本城市沒什麼兩樣。公園被高樓及樹木圍繞，很難想像七十年前受苦的人們經歷了什麼。穿著西裝褲、白襯衫的男性總是很有目標地快步進出辦公室，當地人在公園邊遛狗，觀光客揮舞著自拍棒，但空氣還是有點沉重，充斥著不同的氛圍：低調、冷漠，好像每個人都很難理解過往的事件。

公園底部是和平紀念資料館（Peace Museum），你可以在這裡找到沉重的事實——超過了我的承受範圍，還有一些物品，就像無聲的說書人。那台腳踏車是信的，原子彈落下時他在家外面玩，父親在廢墟下找到他時，他還緊緊握著那台有紅色塑膠把手的三輪車。我看到受熱融化的茶杯，想起塔瑞耶・維叟斯的詩〈廣島之雨〉（Rain in Hiroshima）：「當她伸出手，想拿起茶壺，一道刺目的光——消失了，一切都消失了，他們都消失了……」

我相信每個造訪廣島的人都會問自己：如果美國沒有投下那顆原子彈，一切會不會不同？但很少人知道，其實還有另一個計劃，一個聽起來很瘋狂的計劃，而且在經過測試並審慎考量後，確實是可行的選項。一個可能會造成混亂，但可以減少平民傷亡的計劃；一個需要數千隻蝙蝠——與對自己想法有堅定信念的牙醫。

萊特・亞當斯（Lytle S. Adams）是來自賓州的牙醫。一九四一年十二月，他前往新墨西哥州度假，參觀了卡爾斯巴德洞窟（Carlsbad Caverns）——那是一大群墨西哥皺鼻蝠（Mexican free-tailed bat）的家，黃昏時數百萬隻蝙蝠離開洞穴時，形成讓人難忘的景象。

數小時後，這名牙醫聽到日本攻擊珍珠港的消息，思想上有了一大突破。他想，如果讓數千隻蝙蝠帶著微小可自燃的燃燒裝置，飛去日本投下裝置會怎麼樣呢？

讓人驚訝的是，這名牙醫的瘋狂想法，居然被採納為軍事研究計劃，或許他和第一夫人愛蓮娜・羅斯福的好交情也有關係。富蘭克林・羅斯福（Franklin D. Roosevelt）收到亞當斯的計劃大綱不到一週，就通過軍事行文系統發出去，還附上一張紙條：「這個人不是瘋子，聽起來完全是個瘋狂的想法，但值得研究看看。」

開發這項「技術」花了兩百萬美元和數年時間，六千隻蝙蝠因此失去生命，但這名牙醫並不特別關心動物福利，他幾乎認定，上帝創造這些蝙蝠就是為了這項計畫：「動物生命中，最低等的形式就是蝙蝠，牠們在歷史上總是與地獄、黑暗及邪惡地帶相關。直到現在，這種生物仍存在的理由仍是未解之謎。我想像這數百萬隻蝙蝠是上帝的安排，牠們棲息在我們的鐘樓、隧道、洞穴中這麼些年，只為等待此刻，在人類自由存在計劃中發揮牠們的功用，讓意圖褻瀆我們生活方式的人感到挫敗。」

美國軍事研究得出了蝙蝠炸彈的配方如下：用一千隻蝙蝠，讓牠們降溫進入冬眠模式，在牠們胸前鬆弛的皮膚上，附上凝固汽油彈及延遲點燃裝置所置的微型燃燒彈。接著，把這些沉睡的蝙蝠放在厚紙板托盤上，依次堆放在一點五公尺長的金屬盒裡，形狀就像傳統炸彈。金屬盒會從飛機上掉下來，在降落傘下打開，這段時間足以讓蝙蝠甦醒，起飛時就啟動凝固汽油彈點燃前的十五小時倒數。他們的構想是，數千隻蝙蝠飛行途中會飛下來，停在日本房屋稻草或竹製屋頂下的角落或縫隙。

當一些全副武裝的蝙蝠逃脫，點燃了空軍基地進行測試的飛機庫，證明了這個裝置有效。儘管如此，蝙蝠炸彈計劃最後還是沒有實施。原本預計在一九四四年五月開始大規模製造百萬枚蝙蝠燃燒彈，就在預定執行的前幾個月，計劃喊停。原來，美軍選擇全力專注完成另一項武器——原子彈。

＊＊＊

那是廣島和平紀念資料館的閉館時間，我是最後一個離開那間房間的人，你可以在那邊看到、聽到目擊者的影音紀錄檔。這感覺很奇怪，某種程度上是不對的，我走進黃昏裡，忽然發現自己面對著霓虹燈和冷漠城市裡的繁忙交通，感覺像背叛了那些死去的人、那些受苦的人，如此輕易地置若罔聞。

很難說如果當初真的實踐了萊特．亞當斯的輕率計劃，二次大戰是否會因為蝙蝠而終結。而這名牙醫直到死前仍然主張，燃燒的蝙蝠就能把日本嚇到投降——還能免去原子彈造成的慘痛損失。

Chapter 10

自然大教堂
——偉大思想在此塑形

Nature's Cathedral - Where Great Thoughts Take Shape

遠古時代
萬物皆無
沒有沙沒有海
沒有冰冷的海浪
陸地不存在
金倫加鴻溝之上也沒有天空
更沒有草

——北歐神話詩篇〈女巫的預言〉（Voluspâ），
著於公元前一二〇〇年

二〇一九年秋天，我前往美國參加書與自然主題的討論會。在我的床頭櫃上，經常有一個會播放自然聲音的收音機，不只是紐約旅館裡，還有旅途結束前最後一個自由週末，我去了更北邊的小鎮，那裡也有。那是一種鬧鐘收音機——只有這裡有這種收音機，除了廣播電台，還可以選擇大自然裡的各種聲音，例如「嘈雜的山間小溪」或「森林裡的鳥語」。

我知道身在紐約很難聽得到山間小溪的聲音，但這個矛盾感還是讓我大吃一驚。到底大自然裡有些什麼，能讓我們如此感動，我們希望在罐頭自然聲裡睡著、醒來，即使我們很少認真關心大自然還留下什麼——某些真實的東西？

我們知道自然為生活帶來的樂趣及品質，給予靈感及歸屬感，適用於自然的各種範圍——從兩個街區外的都市綠地，到數英里外開闊的山地高原。自然作為孩子們的遊樂場，作為繁忙日常生活中進行反思的訓練場或戶外空間。我們知道哪裡某處有一片野生森林，依據自然法則掌控著重生或衰老，而不是收割機的液壓裝置主宰這一切。

花時間與自然相處能帶給我們一種感覺，成為超越自身某物中的一部分；從虛無中誕生的萬物之一。有些人會把自然與宗教信仰連結，另一些人則視其為對生命本身深刻的崇敬之意——他們對自然廣泛的互動中，那些複雜的細節抱持迷戀與尊重之心，當我說自然是我們的大教堂時，就是這種感覺。

二〇一九年四月巴黎聖母院遭受祝融之災焚毀時，全世界為它傷心落淚，因為這座宏偉的教堂不僅是當代之美，也是過往歲月裡令人敬畏的傳奇。許多人都有關於這裡的回憶：我的是參加德國凱爾（Kehl）國際青年夏令營時，其中某個週末到巴黎旅行，我們未經允許就溜進柔和的夜雨中，坐在運河邊的牆上，邊唱著歌，邊望著玫瑰窗和浮雕。

就像我們試著保存文化遺產，現正修復遭祝融後的聖母院，我們也同樣該保存自然遺產，修復人為造成的惡化之處。因為自然不僅能幫助我們，還擁有重要的無形價值，無法衡量，也無法貼上標價。

物種的內在價值也是道德問題：我們有責任照顧自然。因為其他物種也有實踐生命潛力的自主權，無論是甲蟲、乳酪狀金錢菌還是河狸，無論大小、美醜，無論對人類來說是否有用。

我之於森林，森林之於我——自然與身分

有時身處自然，會讓我感到強烈的喜悅，一種強而有力、專注的欣喜之

情，深深地扎根在我的胸膛，散播到我身上的每一根神經，讓我想歡呼、想哭泣，身處森林時，我總是有這種感覺。管理良好的老工業森林裡，樹木依序矗立，一樣高、一樣壯，這種森林用自己的方式展現美感，和秋日的麥田一樣美麗。但我狂放的喜悅藏在另一種截然不同的森林裡，在倒下的原木和枯死泛白的松木裡，在古老雲杉朝向天堂高舉的樹冠下。

我清楚知道，這些森林並不是真正的原生森林，人類在挪威自然界中到處留下指紋，如果你知道怎麼找出痕跡，你也能在這裡看見它們，未來也依舊如此。挪威大多數的森林都將被砍伐，即使如此，這些受保護的自然森林區對我來說仍意義重大——那是我認識的自己，我的身分。很多人都有這種想法：自然中某個地方擁有他們一部分的靈魂。

對我來說，身處自然森林的喜悅不僅僅充滿知識性，更是感官上的快樂。森林就是一場綠色光譜上的光影遊戲，我足下柔軟的苔蘚、松木粗糙的樹皮，到山毛櫸滑順樹幹的觸感，每一抹色彩、香氣與聲音。古老原生森林裡有一種獨特的聲音——那是生與死的和弦，從石炭紀以來，數百萬年迴盪在森林裡的音符。這是枯木仰賴生命的聲音，它們的樹幹與樹枝互相摩擦，順著風的節奏嘎吱作響，搖曳的樹冠也發出沙沙聲。

來自美國蒙大拿州的科學家同事曾告訴我，他搬到這裡後的頭幾年，對斯堪地那維亞森林的感覺完全不對，說不上來哪裡不對，但總覺得少了什麼。有一天他忽然想到了：缺少的元素就是這些聲音！因為比起他常接觸的野生森林，例如美國保育原始野生森林，挪威的工業森林安靜多了——人工森林裡根本沒有枯木的空間，你能聽到的，只有低聲討論原木價格和未來輸入的數量。

森林也有氣味。完全被砍斷的樹，其樹脂和碾碎的針葉會散發刺鼻強烈的氣味，黑色森林土壤被運輸業者的輪胎痕劃開。成熟、自然的森林裡，香氣圓潤溫和，隨著你的步伐持續轉變。在短暫與希望的後味之前——生命的消逝與活力，是來自深綠色苔蘚的原始氣息，與陽光曬暖樹皮的辛辣氣息交替浮現。也許你會從枯死的雲杉上聞到椰子味，因為它的樹皮仍完好無損——如果你跟著那股氣味，你會發現源頭是一塊塊淡黃色塗層：名為默里囊韌革菌（*Cystostereum murrayi*）的罕見真菌。

＊＊＊

很久很久以前，全世界到處都是森林，廣大、黑暗又危險，而且充滿野生動物和可怕的東西，我們只能滿心畏懼。砍了森林之後，我們開闢出一塊空地，一個陽光可以穿透的地方，一個我們可以居住、耕種、感到安全的地方，人類才放鬆警戒心。數千年來，人類的夢想就是馴服森林、掌控森林。

我們做得非常成功。現在挪威大部分的森林都以理性、有效率的方式被砍伐收割。同時，隨著森林規模越來越小，人口持續增長，新的夢想又出現了。這個夢想就是找到回歸原始的方式，回到古老、未被破壞的自然森林——回到我們的起源與身分。

就像這種森林能以強烈的狂喜攪動我，也可能無預兆地像黑暗的利爪一把抓住了光亮，讓我突然喘不過氣。我感到深深的哀傷，因為這樣的森林幾乎不存在了。因為數量稀少、微小的殘存碎片仍在持續遭受威脅——那些來自於經濟發展、對更多資源的索求，以及我們對進步的看法。有些人稱之為「生態悲痛」（Ecological Grief）——承認我們已經徹底改變了我們所居住的地球。

很多人在大自然中都有最喜歡的某處，他們喜歡那個地方就是形成身分認同的一部分。保存這些地方非常重要，失去它們，就像失去一部分的自己。

室內人——我們擁有的自然與健康

假設你可以活到一百歲，假設你還是一個普通的歐洲人，那麼你一生大約會有九十年的時間是待在室內。人類自從在三十萬年前蓋了第一個原始房屋以後，便創造出越來越多的室內空間，例如曼哈頓的室內建築面積，現在已經是曼哈頓島表面面積的三倍之多。

生態學（ecology）一詞源於棲所（oikos），意思是「家」，而準確來說，生態學就是家的研究。雖然我們說的不是客廳設計，也不是現在最流行的廚房設計，但自然確實在我們的窗外填滿綠意（有時還有白色）。你真的了解你自己的家——自然嗎？英國科學家就曾經做了一個測驗，發現兩千名成年英國人中，有半數認不出麻雀。另一項調查中，孩童看了畫有英國常見動植物的圖卡以及寶可夢角色的圖卡，八至十一歲孩童認出的寶可夢「物種」，遠比橡木或獾類等真實物種多，大約八十%源自日本的虛構物種被正確認出，而真實物種被認出的數量不到一半。

再想想孩子們的戶外生活及戶外遊戲，或許就不意外了。二〇〇八年英國小報《每日郵報》（*Daily Mail*）曾有一篇針對這點的報導，觀察四個世代八歲兒童的戶外遊戲權。曾祖父喬治生於一九二六年，一九三四年他正好八歲，家庭居住條件很擁擠，喬治的空閒時間幾乎都待在戶外，沒有目的性的活動，也沒有大人管。他常常去他最喜歡的魚池，離家約有十公里。再下個世代是祖父傑克，八歲時是一九五〇年，在大人允許的情況下，他可以去附近的樹林裡玩耍，距離大概是幾公里外，他也每天自己走路上學。媽媽薇琪八歲時是一九七九年，她會在公園玩耍，或是在她居住的社區附近，必要時，她可以自己走去當地的游泳池，大約離家八百公尺處。現在，她的兒子愛德華在花園裡玩，不能自己走路去學校，媽媽會開車載他去，如果他想騎腳踏車，媽媽會把他的腳踏車放在車後座，載他去一個可以一起安全騎車的地方。

幼稚園的情況也沒有比較好。比較了奧斯陸兩百間新、舊幼稚園後發現，每個兒童分配到的面積下降了近十三平方公尺（一九七五年前所建的幼兒園與二〇〇六年後的相較）。兒童戶外空間減少了五十四％，但停車及大廳區域只減少了二％，造成此現象的主要原因是法律有規範停車空間，但諷刺的是，每名兒童的最小遊戲空間規範，在二〇〇六年被取消了。

我們成人在戶外的時間也不比從前，我們已經變成白天敲鍵盤的辦公室機器，晚上和週末就是盯著螢幕耍廢的沙發馬鈴薯。這是否表示我們已經拋棄了原始的棲所、自然，移居室內，棲身在木地板與百葉窗之間？我們大多數人都過著室內生活，沒有想過我們正在錯過什麼，但新的室內人生活會帶來重大影響，缺少與大自然的互動會讓我們生病——因為許多健康機制都是在自然中發揮作用。

一是經常與自然接觸，如土壤、植物、動物，有助於建立良好免疫系統。這種關聯被稱為健康的生物多樣性假說，缺乏生物多樣性與非傳染性慢性病發病率增高間的明顯關係。在此討論的是會讓免疫系統失控的疾病——多發性硬化症、類風濕性關節炎、氣喘、過敏、乳糜瀉、發炎性腸道疾病，以及第一型糖尿病。

在這個概論中，微生物扮演著重要角色。缺少生物多樣性不僅關乎旅鴿及犀牛，也與我們身上、體內的微生物相關——因為我們每個人都是行走的動物園，是數十億細菌的家。最新統計顯示，一個正常人的體重中，約有兩百克的微生物。如果我們一生中遇到的微生物變少，就表示我們不常接觸土壤、動物、綠色大自然，致使我們的免疫系統不夠強健，會更容易生病。如今支持生物多樣性假說的新研究正大量且快速地進行中。

一種截然不同、同時發展中的研究，發現了自然與精神健康間的連結。統計數據顯示，平均每年有四分之一挪威成年人產生精神健康問題。大自然早就有解決辦法：在綠色環境中持續活動就是最簡單且有效的療法，有益於你的健康，對社會也有益處。

現在很多人都聽過源於日本的詞彙，shinrinyoku，也就是森林浴。這個詞第一次出現在科學文獻中是在一九九八年，一項研究顯示，散步可以降低糖尿病患者的血糖值。現在查閱這篇文章時，我會在Web of Science上找出一百多條可點閱的文章，那是一個學術文章的網路資料庫（Google上也有百萬條搜尋結果）。研究顯示造訪森林有益無害，對大腦活動力、壓力激素、脈壓及血壓到自我情緒、睡眠及專注力都很有幫助。

而且不一定要是森林，其他形式的自然也可以。二〇一九年的總結報告中有「強烈證據顯示接觸自然與身體健康有關聯」，雖然該報告也補充說道，我們還缺乏足夠的知識來理解造成此現象的原因，但是，既然在自然中散步是件簡單、自在且沒有副作用的事，那就不用想太多了：只要繫上鞋帶，走出家門就好。就像新冠肺炎危機讓許多挪威人踏出家門一樣——二〇二〇年春天似乎到處都有健行者，奧斯陸森林裡幾乎每棵樹上都有吊床。

最後一點，是為了好好照顧自然，我們就必須了解自然。童年時接觸自然、積極體驗，長大後或許更能關心環境議題。對你來說，大人能和你一起在戶外活動，向你展示自然、幫你理解自然之於他們的意義，也是非常重要的一環。所以，我們必須走到戶外，多用眼睛看、用手觸摸、耳朵聽、鼻子聞，呼吸、品嘗、感受自然，享受待在戶外的樂趣，在當地樹林裡、公園、海邊或寒冷的高山上。畢竟，如果我們不了解自然，那要怎麼照顧自然呢？如果沒有人帶領孩童珍惜動物夥伴，又怎麼能期待他們在拯救氣候與自然這部分，能做得比我們更好？

漂綠、洗白——觀賞草坪與野生花園

為什麼我們如此喜愛某些經過修飾、人造的自然，例如草坪？生物學知識是如何影響我們對美醜的觀點？幾年前的盛夏，我前往美國加州旅行，中央谷地（Central Valley）幾英畝的田地種植著杏仁樹，這是一種耗水量極大的物種。當時正值乾旱，實施著限水政策。城市郊區裡房子前的小草坪都枯萎、曬焦了，成為旱象嚴重的見證，但是——典型的美國風格，有人在此發現商機。一間公司舉起大型庭院廣告看板，宣傳他們的服務內容：「草都枯了嗎？庭院沒有綠意了嗎？噴上顏色吧！」後面是一串電話號碼。

這是人類荒野之夢的終點，我這麼想著——同時也偷偷從車窗裡拍下那個看板。用綠色顏料噴灑枯萎的草，假裝它們還生機勃勃，當地的自然環境重重打擊著我，讓我非常沮喪，彷彿一開始有一塊真正的草坪也不算太糟糕的事。

草坪就像綠色柏油路，嚴重抑制了生物多樣性，特別是當我們不擇手段使用各種殺蟲劑——用我們偏執的熱情，創造出找不到任何一朵花的「完美」草坪。美國的草坪涵蓋面積等同於半個挪威這麼大，光是草坪，每年就能用掉三萬四千噸殺蟲劑。大幅減少並改變了自然土壤的動物區系，牠們通常負責分解死亡植物成為新的養分。因此，美國人又必須用掉四萬一千噸人造草坪肥料養護草坪。

為什麼身在地球上的我們要這麼做？為什麼我們覺得草坪漂亮？為什麼不好好照顧一塊茂盛、色彩斑斕的花田，與繁盛的香氣、聲音、昆蟲生命共存？草坪是一種文化現象，起初是在法國及英格蘭興起，作為花園景觀的裝飾元素。到了文藝復興時期，成為貴族的身分象徵，貴族為了展示財力，讓大量草地閒置，沒有放牧動物，只當作裝飾品。這可以解釋草坪為什麼如此受歡迎，且在全球綠地中占絕對主導地位嗎？

如今，草坪占據全世界各城市多數的綠地，有時接近七十%。瑞典被草坪覆蓋的土地面積在五十年內成長兩倍，同時間，賦予自然、花草茂密的田野，則在過去五十年裡急遽衰退。田野已然被蓋滿房子，或成為雜草叢生的森林。挪威也是一樣的情況，自一九五〇年代起，單單奧斯陸峽灣區，原本花草盎然的空間就消失了一半。

我們已經花太多時間在有條不紊、精心打理的公園式自然，因為變得敏感又脆弱，需要被自然中非常平凡的現象好好警告一番。幾年前我在前往德國甘德科斯（Hasbruch）自然保育區的路上，看到一塊很大的紅色標誌。當地政府解釋因為這是受保育的自然森林，像我現在冒險闖入，裡面的枯枝未經人工移除，樹枝非常可能突然掉落，最壞的情況就是可能掉在我的頭上（還配了一個非常戲劇性的插圖，一個人被壓在突然掉落的樹枝下）。進入者均自願承擔風險，後面這樣寫著。

也有替代整齊美學的方案，漂亮不等同統一，自然變化也並非危險之意。透過談論讓公園、花園、森林長得更天然的好處，我們可以扭轉局勢。色彩繽紛、充滿香氣、生機蓬勃的花田能為兩條腿、六條腿的生物帶來喜悅。矗立的枯木是專屬自然的昆蟲旅館，可以容納數千種物種，而人造、商店販售的昆蟲旅館最多只能容納十幾種。別墅花園裡一個美麗而凌亂的角落，可以提供各種捕食昆蟲居住空間，甚至是刺蝟，也對改善城市生物多樣性有重大貢獻。

和植物一樣聰明——其他物種能做的事遠比你想像的多

從非人類視角看世界並不是件容易的事，例如去想像我們沒有的感官，去思考如果你是一棵番茄樹或一株含羞草，你看到的世界是什麼樣子。我們受限於自己的認知，經常因傲慢的見解更受侷限，認為我們面對生命挑戰的方式是唯一或最好的方式，因此我們持續感到吃驚——例如當我們發現一株植物能在三分鐘內回應昆蟲的嗡嗡聲，增加花蜜中的糖分以吸引更多授粉者。但是，其實植物比你想的更像我們人類。

所有生物都有某些共同的基本進程：獲取食物及能量、生長、分泌廢物、移動、繁殖。所有生物都必須能夠感知、反應周遭變化，植物也一樣。顯然植物也可以感受重力，因為根向下扎，莖則向上成長，雖然植物缺乏特定器官，如眼睛、耳朵或鼻子，但其實它們有很多感知。

植物是否可以聽、看、聞和感覺，這類的討論一開始就不太順利，某本一九七〇年代出版的書籍就宣稱，如果讓植物聽古典樂，它們就能長得更快，但沒有證據能支持這個論點，長久以來這種沒有根據的說法，讓所有探討植物感知的研究面上無光。如果你在維基百科上搜尋「植物知覺」：一半是基於生理知識，另一半則是偽科學論點。

現在研究植物的音樂取向沒有太大意義，因為如果你剛好是株蒲公英，無論是莫札特還是「金屬製品」[53]都沒有生態相關性。然而近年來出現大量研

53 Metallica，美國洛杉磯的重金屬樂團。

究，認為植物就像你和我的孩子一樣：它們只聽自己想聽的。舉例來說，阿拉伯芥（thale cress）可以分辨綠紋白蝶毛毛蟲咀嚼樹葉的聲音，和風聲或昆蟲歌聲間的差別：植物聽到毛毛蟲發出的不祥之聲，在自己被咀嚼時就會產出更多防禦物質。研究發現，月見草科中的一種植物可以感知蜜蜂發出的嗡嗡聲（或是相同頻率的合成聲音），它的回應方式就是產出更甜的花蜜。植物是怎麼聽到的？我們還是沒能搞清楚細節，但花本身就像外耳的功用，如果除去花瓣也就沒有回應了，我們只能開始推斷，這是植物生長於現代嘈雜城市中造成的因果。

「植物看得到」這件事比較容易被人接受，因為它們對光有反應，尤其是紅色及藍色光。這很明顯，因為它們需要光產出糖——所以如果你是植物，光就等於食物。我們都看過植物芽朝著光源伸展的樣子，這是因為芽上方的感光器官會傳送訊號，讓芽背光側的細胞伸展並長得更長，使植物向光彎曲。植物也可以「看」到植物鄰居，因為光被其他植物過濾或反射時，會改變不同波長紅色光間的關係。

嗅覺或是感知氣體形式化學化合物的能力，對植物來說也很重要。你應該避免把蘋果和其他水果一起放在廚房檯面的理由，就是因為蘋果會散發大量乙烯，一種能加速熟成的物質。自然界中許多水果會對鄰近水果產出這種物質而發生反應，進而產出自己的乙烯。透過這種方式，植物確保他們的果子能協調地成熟，這也是吸引生物前來吃掉果子、傳播種子的重要方式。但是在你的廚房檯面上，這個過程就會讓蘋果鄰近的水果變得過熟。你可以試試看把兩根香蕉放在不同的夾鏈袋裡，一袋放進蘋果，那一袋就會熟得特別快。

而植物也會以其他方式運用氣味。一份傑出的研究報告指出，名為菟絲子（dodder）的美洲寄生攀緣植物會吸收鄰近食物的香氣物質，直直朝向不幸的受害者，伸出它們搖曳的捲鬚。菟絲子可以分辨它們喜歡的番茄香氣，和它們沒那麼喜歡的小麥味。如果你在看植物相關的加速影片，就能理解玩笑話中也有道理，植物只是行動緩慢的動物。

還有研究顯示，當毛毛蟲的牙齒咬入番茄葉片時，番茄這種植物就能感知到附近鄰居散發的香氣，提高自己的防禦物質產量回應這些香氣，毛毛蟲靠近時就能有更好的防禦裝備。特別要說這個現象中重要的細微差異：對鄰近植物的香氣反應，不等同於受到攻擊時會「警告」同類——以進化進程來說，前者合乎邏輯，後者暗藏著溝通的意識欲望，缺乏實據。

味覺與嗅覺有密切關係：想想你鼻塞聞不到東西時，食物變得那麼無味的樣子。對植物來說，這也是一個流動邊界，因為同樣物質能以氣態（嗅覺）或溶在水裡（我們稱為味道的時候）兩種方式被感知，因此植物根部感知並反應出土壤裡的化學物質時，我們就稱為味覺。植物能藉此朝向有最多水或食物的地方生長，或辨別其他植物的根。

植物有感覺能力的最佳例子，就是那些會靠近不幸獵物的食蟲植物——以及含羞草。含羞草是出了名的敏感，像是會說著「別碰我」的植物，非常有趣。就像它的名字，碰觸葉子就會有反應，那是阻止被咀嚼的防禦模式。我記得某次在熱帶地區森林裡和孩子健行時曾遇過含羞草，身為生物學家的媽媽，帶他們走進自然就是成功的祕訣：我的三歲孩子無法不用短短胖胖的食指碰觸小小的葉片，看它們開開合合。

含羞草是曾被用於革命性實驗，但仍存有爭議的植物，研究顯示含羞草可以學習也能記憶。當含羞草被反覆拋出掉落——就像花的高空彈跳，它們明顯會習慣這個舉動，停止闔上葉片的反應，即使受到其他壓力時，它們還是維持這個模式。如果這些還不夠證明含羞草的記憶力，還有另一件事，就是含羞草可以用整整一個月牢記它們對高空彈跳的容忍度。

這並不是很新穎的想法。英格蘭博物學家查爾斯・達爾文就曾寫下植物有感知能力，他認為植物的幼根及根尖就像「低等動物的大腦」。其子植物學家法蘭西斯・達爾文（Francis Darwin）曾就這個主題，於一九〇八年在英國科學促進協會（British Association for the Advancement of Science）發表演說。據曾刊登全版圖文並茂「蔬菜心理學」的《紐約時報》（*New York Times*）所說，這些想法引發在場大鬍子科學家們極大恐慌。

而這就是議題的核心，讓我們回到起點。我們人類患有植物盲，無法看到我們富有葉綠素的遠親，也不願意理解綠牆背後隱藏的事物。或者，就像某位植物學家不久前直言指出：我們不僅患有植物盲，也患有脊椎動物以外的動物盲。身處於由植物（占所有生命總重八十％）及昆蟲（所有已知植物及動物物種的七十五％主宰的星球），人類真的該維持驕傲姿態，如此短視又自大嗎？

來自朋友的援手——複雜的交互作用

當我們對自然運用「原有價值」一詞，意味著我們認為它本身有價值，但沒有用處，更具體來說這又代表什麼呢？《挪威自然多樣性法案》中條款陳述如下：「承認自然的原有價值表示接受自然有應有權利，例如免於受傷，包括其他生命形式概念，無論它們對人類是否有用，都有不證自明的生存權。其中包括對自然交互作用的尊重，生物與非生物間的交互影響互相結合，形成複雜且『細織』的織錦，構成自然。」

過分苛求的詞彙大都含糊不清，或許也不容易理解，對我們這些非哲學家來說，單純談論自然的原有價值不是件容易的事。語言踏上一條狹隘的路，這條路上一旁是充滿疏離術語的荊棘荒地，另一旁是平庸陳腐的流沙。我們有生態學、經濟學、哲學的專有名詞，卻很難在日常用語中找到能表達自然潛在意涵的詞彙——不把人類框定為接收者，把自然框定為提供服務者的一種方式。也許舉個例子可以較容易說明，透過無數靈巧的交互作用，把所有複雜的織錦串在一起，我們就稱之為自然。

有時候你會需要朋友的幫助——假如你是一名早產兒，必須在嬰兒保溫箱裡開始你的人生——我們所知的一種美麗花朵也是如此：蘭花。蘭花種子非常的小，幾乎像灰塵微粒，因為蘭花種子不像其他植物的種子會帶上便當，落地生根之前，完全沒有儲備糧食可以讓幼苗生存，使得蘭花種子得完全仰賴熱心朋友的幫助，例如菌根菌，它們像手套一樣貼合在植物的根部（一部分在內部）。地球上大多數植物的根部長到成熟尺寸前，都有這種真菌手套，或者該說是五趾襪。

蘭花和真菌夥伴的不同之處，就是它們的關係很早就開始了。真菌把輕如羽毛的蘭花種子打包在柔軟菌根菌菌絲製成的保育箱裡，在保育箱裡的無助小種子一開始會有食物和水的供給，直到形成根部、莖和葉。透過這種交互關係，種子才能發展成漂亮的蘭花成熟體。

蘭花家族是植物王國中數量最多的物種，目前已知有兩萬八千種。事實上，地球上每十種植物就有一種是蘭花，它們千奇百怪，美得令人驚嘆，也極其多樣。也許你會從花店認識它們，花十五英鎊就能買到來自遙遠熱帶地區的白色或紫色花種。其實大多數蘭花都長於熱帶地區，但即使在挪威貧瘠的土地上，也有四十種蘭花可以在稀疏的森林或富含鈣質的山丘上找到落腳之處。有些青綠而蒼白，微小而羞怯——就像矮小的斑葉蘭屬（dwarf rattlesnake plantain）或對葉蘭（eggleaf twayblade）。其他則是大且奪目的美，黃色或淡粉色交錯不一，就像拖鞋蘭（lady's slipper）等等。

然而，它們的地下摯友就像戴著魔戒隱形的佛羅多，會產出奇怪的子實體（真菌的「果實」，就像我們在地上看到的雞油菌），需要土壤DNA分析，才能誘導它們進入物種清單。但它們缺少物理的外表，屬名必須用公主般的名字來彌補：膠膜菌屬（*Tulasnella*）及大豆屬（*Tomentella*）。

綜觀全世界，蘭花面臨的威脅包括棲息地破壞、氣候變遷，以及我們肆無忌憚地追求蘭花之美，專家針對世界一千種有滅絕風險的蘭花物種進行評估，發現全球竟有五十七％的蘭花正受到威脅，而且是非常嚴重的威脅。或許有人會說，那又怎樣？我們要兩萬八千種不同的蘭花做什麼？如果我們可以用不同方法產出香草風味，又能用塑膠做出觀賞植物，我們還需要它們嗎？

或者我們可以說說寄生蟲的原有價值是什麼？牠們數量如此龐大，會造成危害也會讓我們生病，我們能愛這些令人厭惡、生活方式近乎荒誕的物種嗎？就像食舌魚蝨（tongue-eating louse），體型小的海洋甲殼類動物，長得像潮蟲，寄生在小丑魚等物種上。（還記得《海底總動員》裡橘白條紋相間的主人翁尼莫吧？）

當年輕雄性食舌魚蝨（其實所有年輕的都是雄性），從鰓部進入魚的體內，如果魚的顎部裡原本沒有雌蝨，牠就會改變性別，長出更長的爪子，從體型很小很小的樣子，長到——嗯，對，跟魚舌頭一樣大。長爪終會派上用場，下個生命週期就是雌蝨會將爪子伸進尼莫的舌頭，阻斷血液供給，組織壞死後舌頭就會掉落。

但是，嘿！先別難過！咬斷舌頭的食舌魚蝨會提供舌頭的代替品：牠自己。牠會用自己的腿緊密地把自己貼在舌頭殘根上，成為那條魚的新舌頭。就像活的義肢，眼睛從魚下巴裡探出來，牠的存在正提醒我們，原有價值這件事才不簡單呢。

＊＊＊

我發現討論自然及物種的原有價值讓人興奮，甚至會過度鑽研。認同這句話中的原則很容易：其他生物有不證自明、活出自我的權利，牠們沒有義務為我們創造價值或為我們服務。但是不管我們如何探討這個議題，都不能擺脫身為人類的事實，我們所有知識、關於是非的判斷、所有道德原則，都被我們的視角過濾過，受限於人類可以──或希望的方向而感知。

對於真菌及蘭花間複雜的相互作用，我感到深深地尊敬、甚至是敬畏之意，並且希望告訴大家，知道雨林裡成千上萬完全無用的蘭花，還有我永遠不會看到的花，對我來說很重要——那麼我可以將作為行動個體、接收者的我自己，與這種價值區別開來嗎？我們可以延伸永遠以自然為中心的自生態中心觀到多遠的程度？認為我們應該可以拋開進化論原則，將其他物種置於我們之前的想法，是否太天真了？緊要關頭時，我們不會總是免不了地選擇自己或是我們最親密的人？

我會把這些想法留給自然哲學家思考。下一次我進行自己的營火靜思會時，我會在一個原始森林裡，靠著一棵早在笛卡兒出生前就發芽的松木樹幹旁，好好享受自然。

失落的荒野與新自然——前行之路

我走進樹林，因為我想慎重地生活，只向著生命必要事實，看看我是否理解它曾教導我的事物，如果沒有，我面臨死亡時，將發現自己不曾活過。我不希望過著不像生命的生活，生命是如此珍貴；我也不希望真的退隱世俗，除非真有必要。我想要深刻地活著，吸取生命的所有精髓，活得像斯巴達人般堅毅，擊潰不屬於生命的一切，大刀闊斧，細細耕耘，把生活限縮於一角，降到最低限度。

——亨利・梭羅（Henry Thoreau），《湖濱散記》（*Walden or Life in the Woods*, 1854）

想像你站在夏威夷的熱帶森林裡，在歐胡島（Oahu）上，你四周的一切都茂密、潮濕又綠意盎然。你可以看到樹幹奮力朝著天堂的方向伸展，永遠互相競長以捕捉太陽的生命之光。樹葉忙著進行光合作用和建立生物量，碳都被儲存在莖和土壤裡。也許你會聞到地面上腐爛葉片令人作嘔的惡臭，真菌和昆蟲正營運著牠們的管理公司。午後陣雨殘留的雨滴，仍從樹冠上滴落，慢慢地滲入土裡，淨化完成。你還可以聽見鳥鳴，牠們偷偷摸摸地繞著樹枝，吃著成熟的果實，再去散播種子。你完全可以看到、聞到、聽到自然的產品與服務圍繞著你。

我猜你也會覺得這裡原始又美妙，但也許，其實你和我都看不到真正的原始森林——而事實就是你身處的森林並不原始。你看到的森林全靠引進、外來的樹種和植物構成，你在森林裡看到的幾乎每一種鳥類也全是外來的：從自然觀點來看，牠們並不屬於夏威夷——而我們人類就是那些把這些植物和鳥類引進島嶼的人。

我們應該怎麼想這件事？有些人會說：有森林了不是嗎？森林不顧一切地提供生態服務。這些物種間進行複雜的交互作用，牠們最近才遇到彼此，就在歐胡島的這座森林裡。自然總是回應我們做出的改變，用動態、不斷適應、更進化的方式。原生與外來間是否必然存在巨大差異？我們真的可以說某座森林比另一座好——或者它們只是單純不同而已？

另一派人認為我們必須聚焦於消失的東西。我們已經失去太多了：數百種當地物種，牠們大多數都非常獨特，無法在世界其他地方找到的物種，全在夏威夷滅絕了。我們殘酷地修剪了進化樹，例如說，除去可能讓森林變得更有活力、更強健的物種——尤其面對氣候變遷時。也許它曾經活在這裡，那株可以成為新型癌症藥物的植物，或是能帶來新抗生素的昆蟲？我們永遠無法知曉。

如果我們希望保有所有未來的可能，我們必須盡可能地保護最多的生物多樣性，以及越多越好、遠離人類的自然環境，如著名美國自然派作者奧爾多·李奧帕德（Aldo Leopold）所說：「保留每個齒輪與輪組是智慧修復的首要預防措施。」換句話說，就是要拯救所有物種。

＊＊＊

當然，你不會在夏威夷發現我們自己設置的新自然。地球三分之一的無冰表面都被這種嶄新的生態系統覆蓋，沒有自然與它並行。同時，原始的最後殘留物也消失了——其定義是不受人類影響的土地或海洋。短短十六年，一九九三年至二〇〇九年，比印度還大的原始區域消失了（或是阿拉斯加面積的兩倍，這樣說你比較好理解的話）。超過七十七％的土地（除了南極地區）

及八十七%的海洋都被人類活動改變。澳洲、美國、巴西、俄羅斯、加拿大這五個國家占據了地球剩餘原始區域的七十%，包括陸地及海洋，挪威因其海域而名列第六。

在我的專業領域保育生物學，近年生物學家有非常激烈的爭論，對於原野以及因我們影響自然而出現的新生態系統，他們觀點不一。這一端是我們稱為「原野派」或「傳統自然資源保育者」，支持以自然為中心的自然觀，我們人類只是眾多物種之一。他們信奉源於十九世紀北美的傳統自然資源保育觀點，受原始愛好者的支持，如作家亨利．梭羅（一九八九年電影《春風化雨》〔Dead Poets' Society〕中，每一次詩社會議都以梭羅著作《湖濱散記》中的名言為開頭：「我走進樹林，因為我想慎重地生活，只向著生命必要事實」）。

原野派將保護區視為一個工具，非常重視。他們的反對者聲稱，這些傳統保育者將自然置於人類之上——例如說，他們主張把原住民趕出新建立的保育區，或建立人類無法入內的嚴格管制保育區。

而與這派完全相反的另一派人被稱為「福祉優先派」（「新保育」的支持

者）。他們認為原野是天真的幻想，不切實際的目標，保護不經人手的自然是一場我們很久以前就輸掉的戰役——非常遺憾，但這是不可避免的事實，我們的地球已經沒有任何一地方不受人類影響，無論直接或間接。新保育生物學家認為是時候停止為那些失去的原野萝、滅絕的哺乳動物和大海燕感到悲傷。現在我們必須擦乾眼淚，集中精力拯救現有的物種，才能確保後代的福祉，以及公平分配產品、服務。

根據這些科學家的說法，達到這個目的需要更實用的保育觀點，優先考量人類及人類的福利。這並不表示我們不需要自然，因為這是不可避免的事實。但它確實隱含著以人類觀點出發，讓物種在最能配合人類的大陸間自由移動，表示以最符合成本效益的方式來保育物種。如果要讓我們從歐洲帶來的家貓，遠離不會飛的紐西蘭鳥類，是一項永無止境、昂貴的任務，那就讓鳥類移去牠未曾生活過、沒有貓的荒涼太平洋小島吧。如果牠對我們並沒有太大意義，也許就讓牠滅絕，因為我們可以把錢花在對我們、對自然更有用處的地方。

保育衝突論點在我的學術領域激發出激烈爭辯。或許，在現實中這不是兩個極端的問題：原野派與福祉優先派。大多數保育生物學家，包括我，都認為我們必須在天真浪漫與過度務實間，找到符合現實的妥協辦法，要實踐保育生物學就是要處理永無止歇的衝突矛盾。

在未來將至的幾十年裡，我們必須沿著這條軸線做出許多重要抉擇，需要抉擇的頻率日益增加，因為我們發現，自己正面對人類活動與全面干預自然的後果。這就是為什麼我認為我們應該多談談這些議題，因為我們很清楚，沒有顯而易見的正確答案。討論本身很重要，因為它能讓思維更敏銳，更意識到價值選擇——我們自己和其他人的選擇。不管發生什麼，我們都無法毫髮無損地逃開：世界已經無法逆轉地被人類改變了，我們必須找到前行之路，一起走下去。

後記

另一個世界並非不可能，她正在來的路上。寧靜的日子裡，我能聽到她的氣息。

——阿蘭達蒂．洛伊（Arundhati Roy）

在亞利桑那州的索諾拉沙漠（Sonoran Desert，剛好也是我們超級英雄吉拉毒蜥的家），有一座特殊的建築物。玻璃與鋼骨構成各種形狀大小的圓頂與錐形塔，讓人想起《星際大戰》裡路克．天行者（Luke Skywalker）童年的家，虛擬星球塔圖因（Tatooine），還有現代植物園般的溫室。這種二元結合並不完全偏離主題，因為這是生物圈二號（Biosphere 2），建造來作為植物、動物、人類的完整微型世界——用來測試我們是否能複製出可居住的封閉生態環境，目的還包括探索我們是否可以在太空中定居。

長話短說，狀況不太好。一九九一年，四男四女被關進這裡後，問題很快就發生了，那是一個為期兩年，以生態為主題的老大哥實驗。大多數脊椎動物和為數不少的授粉昆蟲都死得很快。一種沒有被邀請，只是偷偷溜進來的螞蟻，很快就主宰了爬蟲類清單，喔！對了，還有蟑螂。旋花屬瘋狂蔓延，擋住了其他植物的陽光，包括糧食作物。生物圈裡的八個人一直處於飢餓狀態，有時他們會吃掉帶來的種子，那些原本要拿來種植作物的種子——違反了前提。氧氣含量也降到很低，非常危險的程度，使得研究主導人兩度拆開密封，打入一些新鮮氧氣。

為什麼這個實驗叫生物圈二號？因為生物圈一號就是地球，我們的家園，是生命系統確實運作的地方，自然界中數量多得難以置信的隱形物種，以緩慢、動態的交互作用交錯運作著，這就是牠們傳遞人類生存所需自然產品及服務的方式。不僅僅為了生存，就像生物圈二號裡的八個人——僥倖地活了兩年，而是為了讓生命能延續數千萬年，直到我們能過上不錯的生活，就像現在地球上大多數人的生活。生物圈實驗說明了科學告訴我們的：比起被耗盡、物種貧乏的生態系統，完整無損、物種豐沛的生態系統較能穩定、完善地傳遞產品及服務。

世界已經好轉很多了：世界上多數人口都屬中產階級，生活於極端貧困的人口數，已從一九九〇年超過全球三分之一人口，降到今日的十分之一。嬰兒死亡率大幅下降，短短十五年裡，死於瘧疾的人數減半，自一九〇〇年以來，人類預期壽命已成長兩倍，現在平均可活到七十歲以上。如果我在一八〇〇年左右出了這本書，地球上每十人有九人無法理解書裡的文字，而現在情況已經逆轉：十個人裡有九個人識字。

但是人類數量及我們的生活方式對自然造成極大不良影響：從我出生的一九六六年至今，地球上的人口數量已經成長兩倍，從一九八〇年起我們損耗的自然資源也呈兩倍之多。能夠拯救你性命的數百萬物種中，有八分之一正瀕臨滅絕，這一切都反映在我們身上。近四分之一的地球表面已經退化，現在產量不及以往，因為自然退化，全世界每年損失十%生產總值。

我們可能對此概況中的細節有爭論或不同意：預計數字是最好方式，或是為了達到預期改變，祭出最有效的政治措施。但依據基本邏輯，地球上的資源有限，不可能持續增加資源使用量，也不可能永續成長。跨政府生物多樣性與生態系服務平台說得非常清楚：我們必須做出改革性社會變化，要有創新且截然不同的思維。

我們可以做到，我們必須做到。新冠病毒危機告訴我們，我們有能力執行嚴格手段——而且非常迅速，在我們意識到一切都岌岌可危時。各國可以攜手合作，經濟管理可以改變，科學家可以即時分享數據，世界各地的人們可以聯手改變日常生活——一旦我們意識到這是能拯救所知世界的方法，而我們也希望保有這個世界。這表示我們必須改變日常生活中的行為，更別提我們投票時也要把環境觀點考量進去。

提出一些新觀點吧：世界經濟論壇（World Economic Forum）發表年度報告，列出未來十年可能造成人類最大影響的威脅。二〇二〇年度報告是史上首度前五名被環境風險包辦：極端氣候、未能減緩及適應氣候變遷、人為環境傷害及災難、喪失生物多樣性、生態環境崩壞。我們可以限縮這些威脅的機會之門仍敞開，但過程尚未開啟。

然而我還是抱持希望。不是天真的那種希望：如果我們緊緊閉上眼，一切就會過去，而是基於尊重生命、熱愛萬物，不想失去所以起而行的希望。

這本書的挪威原文是*På naturens skuldre*，意思是站在自然的肩膀上，闡述多個我渴望交流的議題：明顯卻被忽略的事實，那就是自然支撐著我們，自然是完整、全部人類福祉的基礎。沒有自然高高舉起我們，我們的文明就會衰落。

這個概況也說明了比例問題及互惠性，其他物種及個體總數比人口數多非常多。想想看你小時候坐在寬大的肩膀上是件多快樂的事，祖父會帶著我散步，告訴我金斑鴴（golden plover）和款冬花的知識，如果徒步對於腳短短、年幼的腿來說太遠，他就會把我放在他的肩膀上。但你不能把他的脖子擠得太緊，不然他就無法呼吸了，如果有時你需要抓他的頭髮來平衡——嗯，當然也要溫柔點，別拉扯。

像那樣坐著時，我們看到多棒的風景。讓我們用現代人的角度，聰明的人類，坐在自然的肩膀上，朝向未來展望等待著，那裡是我們的孩子、孫子生活的地方；我們今日採取的行動，就在替未來打下基礎。

致謝

感謝我的挪威編輯Solveig Øye，Kagge Forlag出版社所有工作人員，我的女兒Tuva Sverdrup-Thygeson為初稿提供建議，還有Stilton Literary Agency的聯合編輯及海外代理商Hans Petter Bakketeig，寫書時和我討論、給我重要意見。同時，由衷感激Lydia Good和Joel Simons——HarperCollins UK出版社非常鼓勵我的兩位編輯，才華洋溢的英文版譯者露西·莫菲特——以及讓全世界讀懂我著作的所有譯者及出版社。

參考資料

作者序

- The quotation from Rachel Carson, in which she explains her motivation for writing *Silent Spring* (1962), comes from the collected letters in the book *Always, Rachel: The Letters of Rachel Carson and Dorothy Freeman,1952–1964 – The Story of a Remarkable Friendship*, published in 1996.

前言

- Bar-On, Y.M. et al. 'The biomass distribution on Earth', *PNAS* 115: 6506–6511 (2018)

第一章 生命之水

紐約：香檳般的飲用水

- Appleton, A.F. 'How New York city used an ecosystem services strategy' (2002) https://www.cbd.int/financial/pes/ usa-pesnewyork.pdf
- Hanlon, J.W. 'Watershed protection to secure ecosystem services', *The New York City Watershed Governance Arrangement* 1: 1–6 (2017)
- Sagoff, M. 'On the value of natural ecosystems: The Catskills parable', *Politics and the Life Sciences* 21: 19–25 (2002)
- On the new dispensation for federal regulations: https://www.nytimes.com/2018/01/18/nyregion/new-york-city-water- filtration.html

淡水珍珠貽貝——水系統的管理員

- Jakobsen, P. *Samlerapport om kultivering og utsetting av elvemusling 2018*, Universitetet i Bergen (read 2019)
- Jakobsen, P. et al. *Rapport 2013 for prosjektet: Storskala kultivering av elvemusling som bevaringstilt-ak*, Universitetet i Bergen (red. 2014)
- Larsen, B.M. Elvemusling (*Margaritifera margaritifera L.*) *Litteraturstudie med oppsummering av nasjonal og internasjonalkunnskapsstatus*, NINA-Fagrapport 28 (1997)
- Larsen, B.M. *Handlingsplan for elvemusling* (*Margaritifera margaritifera L.*) *2019–2028*. Miljødirek-

- Milesi, C. et al. 'Mapping and modeling the biogeochemical cycling of turf grasses in the United States', *Environ Manage* 36:426–38 (2005)
- The poem 'Grass' by Joyce Sidman is from *Ubiquitous: Celebrating Nature's Survivors*, Houghton Mifflin Harcourt, 2010

雪崩式滅絕——消失的大型動物

- About the avocado: https://www.smithsonianmag.com/ arts-culture/why-the-avocado-should-have-gone-the-way-of-the- dodo-4976527/
- Doughty, C.E. et al. 'The impact of the megafauna extinctions on savanna woody cover in South America', *Ecography* 39: 213–222 (2016)
- Faurby, S. et al. 'Historic and prehistoric human-driven extinctions have reshaped global mammal diversity patterns', *Diversity and Distributions* 21: 1155–1166 (2015)
- Galetti, M. et al. 'Ecological and evolutionary legacy of megafauna extinctions', *Biological Reviews* 93: 845–862 (2018)
- Janzen, D.H. et al. 'Neotropical anachronisms: the fruits gomphotheres ate', *Science* 215: 19–27 (1982)
- Keesing, F. et al. 'Cascading consequences of the loss of large mammals in an African savanna', *BioScience* 64: 487–495 (2014)
- Malhi, Y. et al. 'Megafauna and ecosystem function from the Pleistocene to the Anthropocene', *PNAS* 113: 838–846 (2016)
- Pires, M.M. et al. 'Reconstructing past ecological networks: the reconfiguration of seed-dispersal interactions after megafaunal extinction', *Oecologia* 175: 1247–1256 (2014)
- Sandom, C. et al. 'Global late Quaternary megafauna extinctions linked to humans, not climate change', *Proc. Royal Soc.* B: 281: 20133254 (2014)
- Smith, F.A. et al. 'Megafauna in the Earth system', *Ecography* 39: 99–108 (2016) This is the source of the quotation: 'Only recently have we begun to appreciate ...'
- Smith, F.A. et al. 'Body size downgrading of mammals over the late Quaternary', *Science* 360: 310–313 (2018)
- Steadman, D.W. et al. 'Asynchronous extinction of late Quaternary sloths on continents and islands', *PNAS*, 102:11763–11768 (2005)
- Surovell, T. et al. 'Global archaeological evidence for proboscidean overkill', *PNAS* 102: 6231–6236 (2005)
- Van Der Geer, A.A.E. et al. 'The effect of area and isolation on insular dwarf proboscideans', *Journal of Biogeography*, 43:1656– 1666 (2016)

無肉不歡——狩獵行為的過去與現在

- Bar-On, Y.M. et al. 'The biomass distribution on Earth', *PNAS* 115: 6506–6511 (2018)
- Chaboo, C. et al. 'Beetle and plant arrow poisons of the Ju|'hoan and Hai||om San peoples of Namibia (*Insecta,Coleoptera, Chrysomelidae; Plantae, Anacardiaceae, Apocynaceae, Burseraceae*)', *Zookeys* 558: 9–54 (2016)

toratet Rapport M-1107 (2018)

- Larsen, B.M. et al. *Overvåking av elvemusling i Norge. Årsrapport for 2018*, NINA Rapport 1686 (2019)
- Lopes-Lima, M. et al. 'Conservation status of freshwater mussels in Europe: state of the art and future challenges', *Biol Rev Camb Philos Soc* 92: 572–607 (2016)
- Vaughn, C.C. 'Ecosystem services provided by freshwater mussels', *Hydrobiologia* 810: 15–27 (2018)
- About pearl-fishing in Norway: https://www.jaermuseet.no/ samlingar/wp-content/uploads/sites/16/2011/06/2004.07- D%C3%A5-perlefangsten-i-H%C3%A5elva-var-kongeleg- privilegium-2.pdf

毒害者與淨化苔蘚

- Gerhardt, K.E. et al. 'Opinion: Taking phytoremediation from proven technology to accepted practice', *Plant Science* 256: 170–185 (2017)
- Sandhi, A. et al. 'Phytofiltration of arsenic by aquatic moss (*Warnstorfia fluitans*)', *Environmental Pollution* 237: 1098–1105 (2018)
- Sophie Johannesdotter's execution: https://www.nb.no/items/ URN:NBN:nonb_digavis_fredriksstadtilskuer_null_ null_18760219_12_21_1
- Uppal, J.S. et al. 'Arsenic in drinking water – recent examples and updates from Southeast Asia', *Current Opinion in Environmental Science & Health* 7: 126–135 (2019)

第二章 巨大的雜貨店

- The quotation about food is from the Taittiri¯ya Upanishads 10 III 6, drawn from *Sixty UpaniȘads of the Veda, Part 1*, by Paul Deussen and V.M. Bedekar (1980)

虎頭蜂酵母釀造的葡萄酒

- About the Official Microbe of the state of Oregon: https://gov. oregonlive.com/bill/2013/HCR12/
- McGovern, P.E. et al. 'Fermented beverages of pre- and protohistoric China', *PNAS* 101: 17593–17598 (2004)
- Stefanini, I. et al. 'Role of social wasps in *Saccharomyces cerevisiae* ecology and evolution', *PNAS* 109: 13398 (2012)
- Ibid. 'Social wasps are a *Saccharomyces* mating nest', *PNAS* 113: 2247 (2016)
- Statistics from http://www.fao.org/statistics/en/
- The Inger Hagerup quotation is from 'The Wasp' in *Little Parsley*, translated by Becky L. Crook and published by Enchanted Lion Books (2019)

如果你是你吃的東西，那麼你就是一株會行走的草

- IPBES. Chapter 2.3. 'Status and Trends' – *NCP: The Global Assessment Report on BIODIVERSITY AND ECOSYSTEM SERVICES* (draft) (2019)

fruit set of a pollinator-dependent crop', *Journal of Applied Ecology* 52: 323–330 (2015)

- Piotrowska, K. 'Pollen production in selected species of anemophilous plants', *Acta Agrobotanica* 61: 41–52 (2012)
- Potts, S.G. et al. 'Global pollinator declines: trends, impacts and drivers', *Trends in Ecology & Evolution* 25: 345–353 (2010)
- Powney, G.D. et al. 'Widespread losses of pollinating insects in Britain', *Nature Communications* 10: 1018 (2019)
- Rader, R. et al. 'Non-bee insects are important contributors to global crop pollination', *PNAS* 113: 146–151 (2016)
- Sa'nchez-Bayo, F. et al. 'Worldwide decline of the entomofauna: A review of its drivers', *Biological Conservation* 232: 8–27 (2019)
- Seibold, S. et al. 'Arthropod decline in grasslands and forests is associated with landscape-level drivers', *Nature* 574: 671–674 (2019)
- van Klink, R. et al. 'Meta-analysis reveals declines in terrestrial but increases in freshwater insect abundances', *Science* 368: 417 (2020)

讓養蜂人勃然大怒的藍色蜂蜜

- http://honeycouncil.ca/archive/chc_poundofhoney.php
- https://www.reuters.com/article/us-france-bees/blue-and-green-honey-makes-french-beekeepers-see-red- idUSBRE8930MQ20121004

一蠅二顧

- Dunn, L. et al. 'Dual ecosystem services of syrphid flies (*Diptera: Syrphidae*): pollinators and biological control agents', *Pest Management Science* 76: 1973–1979 (2020)
- Hu, G. et al. 'Mass seasonal bioflows of high-flying insect migrants', *Science* 354: 1584–1587 (2016)
- La'zaro, A. et al. 'The relationships between floral traits and specificity of pollination systems in three Scandinavian plant communities', *Oecologia* 157: 249–257 (2008)
- Maier, C.T. et al. 'Dual mate-seeking strategies in male syrphid flies (*Diptera: Syrphidae*)', *Annals of the Entomological Society of America*, 72: 54–61 (1979)
- Wotton, K.R. et al. 'Mass seasonal migrations of hoverflies provide extensive pollination and crop protection services', *Current Biology* 29: 2167–2173.e5 (2019)

巴西堅果與會飛的香水瓶

- Dressler, R.L. 'Biology of the orchid bees (*Euglossini*)', *Annual Review of Ecology Evolution, and Systematics*. 13: 373–394 (1982)
- Humboldt, A. et al. *Personal Narrative of Travels to the Equinoctial Regions of America,During the Year 1799–1804 – Volume 2*, George Bell & Sons, 1907
- Maues, M. 'Reproductive phenology and pollination of the Brazil nut tree (*Bertholletia excelsa*) in eastern Amazonia', (1998)

- Statistics drawn from https://ourworldindata.org/meat-production and https://www.nationalgeographic.com/what-the-world-eats/

海洋——病態世界最後的純淨之地？

- FAO. *The State of World Fisheries and Aquaculture* 2018 (2018) FAO.
- FAO *Yearbook. Fishery and Aquaculture Statistics* 2017 (2019)
- Pauly, D. et al. 'Fishing down marine food webs', *Science* 279:860 (1998)
- The quotation 'It is untrue that the Sea is faithless ...' is from *Garman & Worse* by Alexander L. Kielland (1880)
- Thurstan, R.H. et al. 'The effects of 118 years of industrial fishing on UK bottom trawl fisheries', *Nature Communications* 1: 1–6 (2010). Also http://www.fao.org/fishery/static/Yearbook/YB2017_USBcard/root/aquaculture/yearbook_aquaculture.pdf

基線偏移症候群：為什麼我們沒注意到惡化症狀？

- McClenachan, L. 'Documenting loss of large trophy fish from the Florida Keys with historical photographs', *Conservation Biology* 23:636–643 (2009)
- Pauly, D. et al. 'Fishing down marine food webs', *Science* 279:860 (1998)
- The excerpt of a poem is from 'Metamorphosis' by Anja Konig, from the collection *Animal Experiments*, Bad Betty Press, 2020

第三章 世界上最響亮的嗡嗡聲

花朵與蜜蜂

- Biesmeijer, J.C. et al. 'Parallel declines in pollinators and insect- pollinated plants in Britain and the Netherlands', *Science* 313:351–354 (2006)
- Carvalheiro, L.G. et al. 'Species richness declines and biotic homogenisation have slowed down for NW-European pollinators and plants', *Ecology Letters* 16: 870–878 (2013)
- Garibaldi, L.A. et al. 'Wild pollinators enhance fruit set of crops regardless of honey bee abundance', *Science* 339: 1608–1611 (2013)
- Hallmann, C.A. et al. 'More than 75 percent decline over 27 years in total flying insect biomass in protected areas', *PLOS ONE* 12:e0185809 (2017)
- IPBES. *The Global Assessment Report on Biodiversity and Ecosystem Services*. Complete draft version (2019)
- Klein, A.-M. et al. 'Importance of pollinators in changing landscapes for world crops', *Proceedings of the Royal Society B: Biological Sciences* 274: 303–313 (2007)
- Lister, B.C. et al. 'Climate-driven declines in arthropod abundance restructure a rainforest food web', *PNAS* 115:E10397-E10406 (2018)
- Mallinger, R.E. et al. 'Species richness of wild bees, but not the use of managed honeybees, increases

- Gavin, M.C. 'Conservation implications of rainforest use patterns: mature forests provide more resources but secondary forests supply more medicine', *Journal of Applied Ecology* 46:1275–1282 (2009)
- Kung, S.H. et al. 'Approaches and recent developments for the commercial production of semi-synthetic artemisinin', *Frontiers in Plant Science* 9: 87–87 (2018)
- Newman, D.J. et al. 'Natural products as sources of new drugs over the 30 years from 1981 to 2010', *Journal of Natural Products* 75: 311–335 (2012)
- Su, X.-Z. et al. 'The discovery of artemisinin and the Nobel Prize in Physiology or Medicine. Science China', *Life Sciences* 58:1175–1179 (2015)
- The French biopiracy case: https://www.sciencemag.org/ news/2016/02/french-institute-agrees-share-patent-benefits-after- biopiracy-accusations
- Vigneron, M. et al. 'Antimalarial remedies in French Guiana: A knowledge attitudes and practices study', *Journal of Ethnopharmacology* 98: 351–360 (2005)

運送藥用蘑菇的使者

- Capasso, L. '5300 years ago, the Ice Man used natural laxatives and antibiotics', *The Lancet* 352: 1864 (1998)
- Hassan, M.M. et al. 'Cyclosporin', *Analytical Profiles of Drug Substances* 16: 145–206 (1987)
- Pleszczyn'ska, M. et al. '*Fomitopsis betulina* (formerly *Piptoporus betulinus*): the Iceman's polypore fungus with modern biotechnological potential', *World Journal of Microbiology and Biotechnology* 33: 83 (2017)

紫杉低語的智慧

- Allington-Jones, L. 'The Clacton spear: The last one hundred years', *Archaeological Journal* 172: 273–296 (2015)
- Holtan, D. '*Barlinda Taxus baccata L. i Møre og Romsdal – på veg ut?*' *Blyttia* 59: 197–205 (2001)
- Lines from 'Ash Wednesday', T.S. Eliot, Faber & Faber, originally published in 1930
- Minke whaling with yew bows: https://www.kyst-norge. no/?k=2909&id=16004&aid=8396&-daid=2604
- Old yew in Scotland: https://www.woodlandtrust.org.uk/ blog/2018/01/ancient-yew-trees/
- One of the best plant-based cancer treatments available: https:// www.cancer.gov/research/progress/discovery/taxol
- Paclitaxel market revenue: https://www.reportsweb.com/reports/ global-paclitaxel-market-growth-2019-2024
- Rao, K.V. 'Taxol and related taxanes. I. Taxanes of *Taxus brevifolia* bark', *Pharmaceutical Research* 10: 521–4 (1993)
- Suffness, M. *Taxol: Science and Applications*, CRC Press, Boca Raton, FL, red. 1995
- Z'wawiak, J. et al. 'A brief history of taxol', *Journal of Medical Sciences* 1: 47 (2014)

- Peres, C.A. 'Demographic threats to the sustainability of Brazil nut exploitation', *Science* 302: 2112–2114 (2003)
- Photo showing how beautiful orchid bees are: http://gilwizen.com/ orchidbees/
- Sazima, M. et al. 'The perfume flowers of *Cyphomandra* (*Solanaceae*): Pollination by euglossine bees, bellows mechanism, osmophores, and volatiles', *Plant Systematics and Evolution* 187:51–88 (1993)

無花果樹與榕果小蜂：數百萬年來的忠誠與背叛

- Barling, N. et al. 'A new parasitoid wasp (*Hymenoptera: Chalcidoidea*) from the Lower Cretaceous Crato Formation of Brazil: The first Mesozoic Pteromalidae', *Cretaceous Research* 45:258–264 (2013)
- Compton, S.G. et al. 'Ancient fig wasps indicate at least 34 Myr of stasis in their mutualism with fig trees', *Biology* Letters 6:838–842 (2010)
- Denham, T. 'Early fig domestication, or gathering of wild parthenocarpic figs?' *Antiquity* 81: 457–461 (2007)
- Hossaert-McKey, M. et al. 'How to be a dioecious fig: Chemical mimicry between sexes matters only when both sexes flower synchronously', *Scientific Reports* 6: 21236 (2016)
- Janzen, D.H. 'How to be a fig', *Annual Review of Ecology and Systematics* 10: 13–51 (1979)
- Kuaraksa, C. et al. 'The use of Asian ficus species for restoring tropical forest ecosystems', *Restoration Ecology* 21: 86–95 (2013)
- Shanahan, M. et al. 'Fig-eating by vertebrate frugivores: a global review', *Biological Reviews, Cambridge Philosophical Society* 76: 529–572 (2001)
- Thornton, I., W.B. et al. 'The role of animals in the colonization of the Krakatau Islands by fig trees (*Ficus species*)', *Journal of Biogeography* 23: 577–592 (1996)
- Zahawi, R.A. et al. 'Tropical secondary forest enrichment using giant stakes of keystone figs', *Perspectives in Ecology and Conservation* 16: 133–138 (2018)

第四章 貨量充足的藥局

- Alves, R.R. et al. 'Biodiversity, traditional medicine and public health: where do they meet?' *Journal of Ethnobiology and Ethnomedicine* 3: 14 (2007)
- Calixto, J.B. 'The role of natural products in modern drug discovery', *Anais da Academia Brasileira de Ciências* 91 (2019)
- Pharmaceuticals sector revenues: https://www.statista.com/ topics/1764/global-pharmaceutical-industry/

當苦艾對上瘧疾

- Cachet, N. et al. 'Antimalarial activity of simalikalactone E, a new quassinoid from *Quassia amara L.* (*Simaroubaceae*)', *Antimicrobial Agents and Chemotherapy* 53: 4393–4398 (2009)
- Carter, G.T. 'Natural products and Pharma 2011: strategic changes spur new opportunities', *Natural Product Reports* 28: 1783–1789 (2011)

horseshoe-crab-blood

- Bolden, J. et al. 'Application of Recombinant Factor C reagent for the detection of bacterial endotoxins in pharmaceutical products', *PDA Journal of Pharmaceutical Science and Technology* 71: 405–412 (2017)
- Ding, J.L. et al. 'A new era in pyrogen testing', *Trends in Biotechnology* 19: 277–81 (2001)
- John, A. et al. 'A review on fisheries and conservation status of Asian horseshoe crabs', *Biodiversity and Conservation*: 1–26 (2018)
- Maloney, T. et al. 'Saving the horseshoe crab: A synthetic alternative to horseshoe crab blood for endotoxin detection', *PLOS Biology* 16: e2006607 (2018)
- Price of horseshoe crab blood: https://www. theguardian.com/environment/2018/nov/03/ horseshoe-crab-population-at-risk-blood-big-pharma
- Red knot sub-species (*Calidris canutus rufa*), dwindling population: https://fws.gov/northeast/red-knot/
- rFC assay incorporated into the European pharmacopoeia: https://www.cleanroomtechnology.com/news/article_page/ Recombinant_Factor_C_assay_to_aid_demand_for_LAL_ endotoxin_testing/163099
- Status of the four horseshoe crab species on the global red list: https://www.iucnredlist.org/search?query=Horseshoe%20 Crab&searchType=species

蟲中萃取的毒——抗生素的新來源是蟲

- Bibb, M.J. 'Understanding and manipulating antibiotic production in actinomycetes', *Biochemical Society Transactions* 41: 1355–64 (2013)
- Cassini, A. et al. 'Attributable deaths and disability-adjusted life years caused by infections with antibiotic-resistant bacteria in the EU and the European Economic Area in 2015: A population-level modelling analysis', *The Lancet Infectious Diseases* 19:56–66 (2019)
- Chevrette, M.G. et al. 'The antimicrobial potential of Streptomyces from insect microbiomes', *Nature Communications* 10: 516 (2019)
- Costa-Neto, E.M. 'Entomotherapy, or the medicinal use of insects', *Journal of Ethnobiology* 25: 93–114 (2005)
- Goettler, W. et al. 'Morphology and ultrastructure of a bacteria cultivation organ: The antennal glands of female European beewolves, *Philanthus triangulum* (*Hymenoptera, Crabronidae*)', *Arthropod Structure & Development* 36: 1–9 (2007)
- Jühling, J. *Die Tiere in der deutschen Volksmedizin alter und neuer Zeit.* Polytechnische Buchhandlung (R. Schulze). Digitally available at https://dlcs.io/pdf/wellcome/pdf-item/ b24856162/0#_ga=2.18265337.119250862.1579684184- 1935579294.1579684184 (1900)
- Kaltenpoth, M. et al. 'Symbiotic bacteria protect wasp larvae from fungal infestation', *Current Biology* 15: 475–479 (2005)
- Kroiss, J. et al. 'Symbiotic Streptomycetes provide antibiotic combination prophylaxis for wasp offspring', *Nature Chemical Biology* 6:261–263 (2010)
- Meyer-Rochow, V.B. 'Therapeutic arthropods and other, largely terrestrial, folk-medicinally important invertebrates: A comparative survey and review', *Journal of Ethnobiology and Ethnomedicine* 13: 9–9

消除糖尿病的怪獸口水

- Background, scientist: https://www.nia.nih.gov/news/ exendin-4-lizard-laboratory-and-beyond and https://www. goldengooseaward.org/awardees/diabetes-medication
- DeFronzo, R.A. et al. 'Effects of exenatide (exendin-4) on glycemic control and weight over 30 weeks in metformin-treated patients with type 2 diabetes', *Diabetes Care* 28: 1092–1100 (2005)
- Drucker, D.J. et al. 'The incretin system: glucagon-like peptide-1 receptor agonists and dipeptidyl peptidase-4 inhibitors in type 2 diabetes', *Lancet* 368: 1696–1705 (2006)
- Eng, J. et al. 'Isolation and characterization of exendin-4, an exendin-3 analog, from Heloderma-suspectum venom – further evidence for an exendin receptor on dispersed acini from guinea-pig pancreas', *Journal of Biological Chemistry* 267:7402– 7405 (1992)
- Exenatide, ranked no. 260 on the list of most commonly prescribed medicines in the US, with 1,635, 146 prescriptions in 2020: https://clincalc.com/DrugStats/Top300Drugs.aspx
- Fedele, E. et al. 'Glucagon-like peptide 1, neuroprotection and neurodegenerative disorders', *Journal of Biomolecular Research & Therapeutics* 5 (2016)
- Fry, B.G. et al. 'Early evolution of the venom system in lizards and snakes', *Nature* 439: 584–588 (2006)
- Goke, R. et al. 'Exendin-4 is a high potency agonist and truncated exendin-(9-39)-amide an antagonist at the glucagon-like peptide 1-(7-36)-amide receptor of insulin-secreting beta-cells', *Journal of Biological Chemistry* 268: 19650–19655 (1993)
- Grieco, M. et al. 'Glucagon-like peptide-1: A focus on neurodegenerative diseases', *Frontiers in Neuroscience* 13 (2019)
- Holscher, C. 'Central effects of GLP-1: new opportunities for treatments of neurodegenerative diseases', *Journal of Endocrinology* 221: T31–T41 (2014)
- Kamei, N. et al. 'Effective nose-to-brain delivery of exendin-4 via coadministration with cell-penetrating peptides for improving progressive cognitive dysfunction', *Scientific Reports* 8: 17641 (2018)
- Meier, J.J. 'GLP-1 receptor agonists for individualized treatment of type 2 diabetes mellitus', *Nature Reviews Endocrinology* 8: 728–742 (2012)
- Ohshima, R. et al. 'Age-related decrease in glucagon-like peptide-1 in mouse prefrontal cortex but not in hippocampus despite the preservation of its receptor', *American Journal of BioScience* 3: 11–27 (2015)
- Strimple, P.D. et al. 'Report on envenomation by a Gila monster (*Heloderma suspectum*) with a discussion of venom apparatus, clinical findings, and treatment', *Wilderness & Environmental Medicine* 8:111–116 (1997)
- The bite, 'like hot lava coursing through your veins', from: https:// www.youtube.com/watch?v=swlo-zUKuvFI
- *The Giant Gila Monster* film: see e.g. https://www.youtube.com/watch?v=Jdn-OCWEN00

拯救生命的藍血

- About the two scientists and the story of the discovery: https:// www.goldengooseaward.org/awardees/

Hydrozoa)', *Italian Journal of Zoology* 83: 390–399 (2016)
- Miglietta, M.P. et al. 'A silent invasion', *Biological Invasions* 11:825–834 (2009)
- Piraino, S. et al. 'Reversing the life cycle: Medusae transforming into polyps and cell transdifferentiation in *Turritopsis nutricula* (Cnidaria, Hydrozoa)', *Biological Bulletin* 190: 302–312 (1996)
- Tasdemir, D. 'Marine fungi in the spotlight: opportunities and challenges for marine fungal natural product discovery and biotechnology', *Fungal Biology and Biotechnology* 4: 5 (2017)
- Wiegand, S. et al. 'Cultivation and functional characterization of 79 planctomycetes uncovers their unique biology', *Nature Microbiology* 5: 126–140 (2020)
- Yoshinori, H. et al. 'De novo assembly of the transcriptome of *Turritopsis*, a jellyfish that repeatedly rejuvenates', *Zoological Science* 33: 366–371 (2016)

保衛自然藥局的根基

- Europe's role: https://www.dw.com/en/ europe-a-silent-hub-of-illegalwildlife-trade/a-37183459
- Heinrich, S. et al. 'Where did all the pangolins go? International CITES trade in pangolin species', *Global Ecology and Conservation* 8: 241–253 (2016)
- Lam, T.T.-Y. et al. 'Identifying SARS-CoV-2 related coronaviruses in Malayan pangolins', *Nature* (2020)
- Mortality among reptiles trapped in the wild is so high it is comparable to that of cut flowers: https://www.jus.uio.no/ ikrs/tjenester/kunnskap/kriminalpolitikk/meninger/2012/ ulovlighandelmedtruededyrearter.html
- Neergheen-Bhujun, V. et al. 'Biodiversity, drug discovery, and the future of global health: Introducing the biodiversity to biomedicine consortium, a call to action', *Journal of global health* 7: 020304–020304 (2017)
- Operation Thunderbolt, June 2019: https://cites.org/eng/news/ wildlife-trafficking-organized-crime-hit-hard-by-joint-interpol- wcoglobal-enforcement-operation_10072019
- Pangolin removed from the list: https://www.nhm.ac.uk/discover/ news/2020/june/china-removes-pangolin-scale-from-list-of- officialmedicines.html
- Pimm, S.L. et al. 'The future of biodiversity', *Science* 269: 347 (1995)
- Tigers in the US: https://www.theguardian.com/environment/ shortcuts/2018/jun/20/more-tigers-live-in-us-back-yards-than-in- the-wild-is-this-a-catastrophe

第五章　纖維工廠

從毛茸茸的種子到人人愛的布料

- Bank notes, Norway: https://www.norges-bank.no/tema/ Sedler-og-mynter/
- Bank notes, UK: https://www.bankofengland.co.uk/banknotes/ currentbanknotes
- Coppa, A. et al. 'Palaeontology: Early neolithic tradition of dentistry', *Nature* 440: 755–756 (2006)
- FAO. *Measuring Sustainability in Cotton Farming Systems. Towards a Guidance Framework* (2015)

(2017)

- O'Neill, J. 'The review on antimicrobial resistance. tackling drug- resistant infections globally: Final report and recommendations'. Available at: http://amr-review.org/sites/default/files/160518_ Final%20 paper_with%20cover.pdf (2016)
- Seabrooks, L. et al. 'Insects: An underrepresented resource for the discovery of biologically active natural products', *Acta Pharmaceutica Sinica* B 7: 409–426 (2017)
- Strohm, E. et al. 'Leaving the cradle: How beewolves (*Philanthus triangulum* F.) obtain the necessary spatial information for emergence', *Zoology Jena* 98: 137–146 (1994/5)

當孩子讓你想要嘔吐時

- Corben, C.J. et al. 'Gastric brooding: Unique form of parental care in an Australian frog', *Science* 186: 946–947 (1974)
- Fanning, J.C. et al. 'Converting a stomach to a uterus: The microscopic structure of the stomach of the gastric brooding frog *Rheobatrachus silus*', *Gastroenterology* 82: 62–70 (1982)
- IPBES. *The Global Assessment Report on Biodiversity and Ecosystem Services*. Complete draft version (2019)
- Liem, D.S. 'A new genus of frog of the family *Leptodactylidae* from south-east Queensland, Australia', *Memoirs of the Queensland Museum*, 16(3), 459–470 (1973)
- Mark, N.H. et al. 'Biochemical studies on the relationships of the gastric-brooding frogs, genus *Rheobatrachus*', *Amphibia-Reptilia* 8: 1–11 (1987)
- Red list status *Rheobatrachus silus* https://www.iucnredlist.org/ species/19475/8896430
- Red list status *Rheobatrachus vitellinus*: https://www.iucnredlist. org/species/19476/8897826
- Reojas, C. 'The southern gastric-brooding frog', *The Embryo Project Encyclopedia*. https://embryo.asu. edu/pages/southerngastric- brooding-frog-0 (2019)
- Scheele, B.C. et al. 'Amphibian fungal panzootic causes catastrophic and ongoing loss of biodiversity', *Science* 363:1459–1463 (2019)
- Tyler, M.J. et al. 'Oral birth of the young of the gastric brooding frog *Rheobatrachus silus*', *Animal Behaviour* 29: 280–282 (1981)
- Ibid. 'Inhibition of gastric acid secretion in the gastric brooding frog, *Rheobatrachus silus*', *Science* 220: 609–610 (1983)

迷你水母與永生之謎

- Alves, C. et al. 'From marine origin to therapeutics: The antitumor potential of marine algae-derived compounds', *Frontiers in pharmacology* 9: 777 (2018)
- Hansen, K.O. et al. 'Kinase chemodiversity from the Arctic: The breitfussins', *Journal of Medicinal Chemistry* 62: 10167–10181 (2019)
- Kubota, S. 'Repeating rejuvenation in *Turritopsis*, an immortal hydrozoan (Cnidaria, Hydrozoa)', *Biogeography*: 101–103 (2011)
- Martell, L. et al. 'Life cycle, morphology and medusa ontogenesis of *Turritopsis dohrnii* (Cnidaria:

- Guest, T. et al. 'Anticancer laccases: A review', *Journal of Clinical & Experimental Oncology* 05 (2016)
- Hakala, T.K. et al. 'Evaluation of novel wood-rotting polypores and corticioid fungi for the decay and bio-pulping of Norway spruce (*Picea abies*) wood', *Enzyme and Microbial Technology* 34: 255–263 (2004)
- Patent application *Obba rivulosa*: https://patents.google.com/patent/WO2003080812A1/en
- Rashid, S. et al. 2011. 'A study of anti-cancer effects of *Funalia trogii* in vitro and in vivo.' *Food and Chemical Toxicology* 49: 1477–1483 (2011)
- Ibid. 'Potential of a *Funalia trogii* laccase enzyme as an anticancer agent', *Annals of Microbiology* 65 (2014)

營火靜思會

- A good third came from firewood, the rest from pellets, wood chips and liquid biofuel: https://nibio.no/tema/skog/bruk-av-tre/ bioenergi

裝扮起來！調味食物及餵養鮭魚的針葉樹

- Ciriminna, R. et al. 'Vanillin: The case for greener production driven by sustainability megatrend', *Chemistry Open* 8: 660–667 (2019)
- Crowther, T.W. et al. 'Mapping tree density at a global scale', *Nature* 525: 201–205 (2015)
- Gallage, N.J. et al. 'Vanillin-bioconversion and bioengineering of the most popular plant flavor and its de novo biosynthesis in the vanilla orchid', *Molecular Plant* 8: 40–57 (2015)
- Orchid vanilla price per kilo exceeds that of silver: https://www.foodbusinessnews.net/articles/13570-vanilla-prices-slowly-drop-as-crop-quality-improves
- Øverland, M. et al. 'Yeast derived from lignocellulosic biomass as a sustainable feed resource for use in aquaculture', *Journal of the Science of Food and Agriculture* 97: 733–742 (2017)
- Sahlmann, C. et al. 'Yeast as a protein source during smoltification of Atlantic salmon (*Salmo salar L.*), enhances performance and modulates health', *Aquaculture* 513: 734396 (2019)
- Vanilla seeds can be added to ice cream for purely visual effect: https://www.cooksvanilla.com/vanilla-bean-seeds-a-troubling-new-trend/

第六章 大自然管理公司

太多的雨水與太少的植被

- Berland, A. et al. 'The role of trees in urban stormwater management', *Landscape and urban planning* 162: 167–177 (2017)
- Frazer, L. 'Paving paradise: The peril of impervious surfaces', *Environmental health perspectives* 113: A456–A462 (2005)
- Grazing sheep on the roofs of Bergen: https://commons.wikimedia.org/wiki/Category:Hieronymus_Scholeus#/media/ File:Scoleus.jpg

- Mekonnen, M.M. et al. 'The green, blue and grey water footprint of crops and derived crop products', *Hydrology and Earth System Sciences* 15: 1577–1600 (2011)
- Moulherat, C. et al. 'First evidence of cotton at neolithic Mehrgarh, Pakistan: Analysis of mineralized fibres from a copper bead', *Journal of Archaeological Science* 29: 1393–1401 (2002)
- www.norges-bank.no/tema/Sedler-og-mynter/Ny-seddelserie/ Om-sedlene/
- *Fact Sheet on Pesticide Use in Cotton Production.The Expert Panel on Social,Environmental and Economic Performance of Cotton Productio*n (SEEP) (2012)
- Splitstoser, J.C. et al. 'Early pre-Hispanic use of indigo blue in Peru', *Science Advances* 2: e1501623 (2016)
- Three-quarters of all cotton grown is genetically modified: https://royalsociety.org/topics-policy/projects/gm-plants/ what-gmcrops-are-currently-being-grown-and-where/

溫暖的家

- 28 stave churches: https://www.stavkirke.info/
- Ålesund, city fire https://www.byggogbevar.no/pusse-opp/byggeskikk/jugendbyen-%C3%A5lesund
- Concrete and CO_2: https://www.chathamhouse.org/sites/default/files/publications/2018-06-13-making-concrete-change-cement-lehne-preston-final.pdf
- Fretheim, S.E. 'Mesolithic dwellings: An empirical approach to past trends and present interpretations in Norway', Doctoral thesis at NTNU; 2017:282 (2017)
- Japan, new law in 2010: https://www.loc.gov/law/foreign-news/article/japan-law-to-promote-more-use-of-natural-wood-materials-for-public-buildings/
- Kostenki Museum: https://www.rbth.com/history/329215-homosapiens-stone-age-russia and https://www.nationalgeographic.com/news/2014/11/141106-european-dna-fossil-kostenki-science/
- Que, Z.-L. et al. 'Traditional wooden buildings in China', *Wood in Civil Engineering*. InTech (2017)
- Seguin-Orlando, A. et al. 'Genomic structure in Europeans dating back at least 36,200 years', *Science* 346: 1113 (2014)

真菌燈的光

- Desjardin, D.E. et al. 'Fungi bioluminescence revisited', *Photochemical & Photobiological Sciences* 7: 170–182 (2008)
- Purtov, K.V. et al. 'Why does the bioluminescent fungus *Armillaria mellea* have luminous mycelium but non-luminous fruiting body?' *Doklady Biochemistry and biophysics* 474:217–219 (2017)
- Ramsbottom, J. *Mushrooms and Toadstools. A Study of the Activities of Fungi.* Bloomsbury Books, 1953 (The quote from the war correspondent comes from here.)
- Sivinski, J. 'Arthropods attracted to luminous fungi', *Psyche* 88 (1981)

雞油菌的聰明表親

- Elven, H. et al. *Kunnskapsstatus for artsmangfoldet i Norge 2015*. Utredning for Artsdatabanken 1/2016 (2016)

亞馬遜森林上的飛河

- Diniz, M.B. et al. 'Does Amazonian land use display market failure? An opportunity-cost approach to the analysis of Amazonian environmental services', *CEPAL Review* 126: 99–118 (2018)
- Ellison, D. et al. 'On the forest cover–water yield debate: from demand – to supply – side thinking', *Global Change Biology* 18:806–820 (2012)
- Lindholm, M. '*Reguleres vinden av en biotisk pumpe?*' *Naturen* 138: 144–150 (2014)
- Makarieva, A.M. et al. 'Biotic pump of atmospheric moisture as driver of the hydrological cycle on land', *Hydrology and EarthSystem Sciences* 11: 1013–1033 (2007)
- Ibid. 'The biotic pump: Condensation, atmospheric dynamics and climate', *International Journal of Water* 5: 365–385 (2010)
- Ibid. 'Where do winds come from? A new theory on how water vapor condensation influences atmospheric pressure and dynamics', *Atmospheric Chemistry and Physics* 13:1039–1056 (2013)
- Sheil, D. et al. 'How forests attract rain: An examination of a new hypothesis', *BioScience* 59: 341–347 (2009)
- Ibid. 'Forests, atmospheric water and an uncertain future: The new biology of the global water cycle', *Forest Ecosystems* 5 (2018)
- Spracklen, D.V. et al. 'Observations of increased tropical rainfall preceded by air passage over forests', *Nature* 489: 282–285 (2012)
- Ibid. 'Erratum: Corrigendum: Observations of increased tropical rainfall preceded by air passage over forests', *Nature* 494: 390–390 (2013)

白蟻與乾旱

- Termites in the USA, damage: https://www.fs.fed.us/research/ invasivespecies/insects/termites.php

紅樹林防波堤

- Arkema, K.K. et al. 'Linking social, ecological, and physical science to advance natural and nature-based protection for coastal communities', *Annals of the New York Academy of Science* 1399: 5–26 (2017)
- Barbier, E.B. 'Valuing ecosystem services as productive inputs', *Economic Policy* 22: 177–229 (2007)
- Ibid. 'The value of estuarine and coastal ecosystem services', *Ecological Monographs* 81: 169–193 (2011)
- Das, S. et al. 'Mangroves protected villages and reduced death toll during Indian super cyclone', *PNAS* 106: 7357–7360 (2009)
- Ibid. 'Mangroves can provide protection against wind damage during storms', *Estuarine Coastal and Shelf Science* 134:98 (2013)
- Kathiresan, K. et al. 'Coastal mangrove forests mitigated tsunami', *Estuarine, Coastal and Shelf Science* 65: 601–606 (2005)
- Russi, D., et al. 'The economics of ecosystems and biodiversity for water and wetlands', *TEEB Report* (2013)

- https://www.epa.gov/sites/production/files/2015-11/documents/ stormwater2streettrees.pdf
- https://extension.psu.edu/ the-role-of-trees-and-forests-in-healthy-watersheds
- https://www.sciencedaily.com/releases/2004/06/040615080052. htm
- Magnussen, K. et al. '*Økosystemtjenester fra grønnstruktur i norske byer og tettsteder*', *Vista analyse* (2015)

當錢長在樹上

- Bastin, J.-F. et al. 'Understanding climate change from a global analysis of city analogues', *PLOS ONE* 14: e0217592 (2019)
- Huang, Y.J. et al. 'The potential of vegetation in reducing summer cooling loads in residential buildings', *Journal of Climate and Applied Meteorology* 26: 1103–1116 (1987)
- IPBES. *The Global Assessment Report on Biodiversity and Ecosystem Services*. Complete draft version (2019)
- London's most expensive tree: https://www.dailymail.co.uk/news/ article-7733587/The-1-6million-tree-churchs-magnificent- marvel-valuable-specimen-UK.html#:~:text=After%20the%20 system%20 was%20launched,was%20valued%20at%20 %C2%A3750%2C000.
- Magnussen, K. et al. '*Økosystemtjenester fra grønnstruktur I norske byer og tettsteder*', *Vista analyse* (2015)
- Nowak, D.J. et al. 'Air pollution removal by urban trees and shrubs in the United States', *Urban Forestry & Urban Greening* 4:115–123 (2006)
- Trees reduce the temperature in cities: https://www. energylivenews.com/2019/09/30/could-urban-trees-mean-we-can- leave-airconditioning-emissions-behind/ and https://www.epa. gov/heatislands/using-trees-and-vegetation-reduce-heat-islands
- Treeconomics London. Valuing London's Urban Forest Results of the London i-Tree Eco Project (2015)
- Venter, Z.S. et al. 'COVID-19 lockdowns cause global air pollution declines with implications for public health risk', medRxiv: 2020.04.10.20060673 (2020a)
- Ibid. 'Linking green infrastructure to urban heat and human health risk mitigation in Oslo, Norway', *Science of the Total Environment* 709: 136193 (2020b)
- Wang, H. et al. 'Efficient removal of ultrafine particles from diesel exhaust by selected tree species: Implications for roadside planting for improving the quality of urban air', *Environmental Science & Technology* 53: 6906–6916 (2019)

表土被吹走之前——我的山谷有多綠

- 'Fair is the slope ...' quotation from *Njål's Saga*, Wordsworth Classic edition (1998), translated by Carl F. Bayerschmidt and Lee M. Hollander
- Sand lupines an extremely high ecological risk on the alien species list. 2018 https://artsdatabanken.no/ Fab2018/N/1491

鯨落與白金

- Cushman, G.T. *Guano and the Opening of the Pacific World. A Global Ecological History*, Cambridge University Press, 2013
- Danovaro, R. et al. 'The deep-sea under global change', *Current Biology* 27: R461–R465 (2017)
- Doughty, C.E. et al. 'Global nutrient transport in a world of giants', *PNAS* 113: 868–873 (2016)
- Glover, A.G. et al. 'World-wide whale worms? A new species of Osedax from the shallow north Atlantic', *Proceedings of the Royal Soc. B*: 272:2587–2592 (2005)
- Kjeld, M. 'Salt and water balance of modern baleen whales: Rate of urine production and food intake', *Canadian Journal of Zoology* 81: 606–616 (2003)
- LaRue, M.A. et al. 'Emigration in emperor penguins: implications for interpretation of long-term studies', *Ecography* 38: 114–120 (2015)
- Otero, X.L. et al. 'Seabird colonies as important global drivers in the nitrogen and phosphorus cycles', *Nature Communications* 9 (2018)
- Roman, J. et al. 'Whales as marine ecosystem engineers', *Frontiers in Ecology and the Environment* 12: 377–385 (2014)
- Rouse, G.W. 'Osedax: Bone-eating marine worms with dwarf males', *Science* 305: 668–671 (2004)
- The Guano Island Act: https://uscode.house.gov/view. xhtml?path=/prelim@title48/chapter8&edition=prelim

世界上最漂亮的碳倉庫

- Achat, D.L. et al. 'Forest soil carbon is threatened by intensive biomass harvesting', *Scientific Reports* 5: 15991 (2015)
- Bartlett, J. et al. *Carbon storage in Norwegian ecosystems*, NINA Report1774, Norwegian Institute for Nature Research (2020)
- IPCC. *Climate Change 2014: Synthesis Report. Contribution of Working Groups I,II and III to the Fifth Assessment Report of the Intergovernmental Panel on Climate Change*, IPCC, Geneva, Switzerland (2014)
- Kroeker, K.J. et al. 'Meta-analysis reveals negative yet variable effects of ocean acidification on marine organism', *Ecology Letters* 13: 1419–1434 (2010)
- Luyssaert, S. et al. 'Old-growth forests as global carbon sinks', *Nature* 455: 213–215 (2008)

健康的自然調節疾病

- American Veterinary Medical Association. 'One Health: A New Professional Imperative', One Health Initiative Task Force: Final Report (2008)
- Blockstein, D.E. et al. 'Fauna in decline: Extinct pigeon's tale', *Science* 345: 1129 (2014)
- Jørgensen, H.J. et al. 'COVID-19: *Én verden,én helse*'. *Tidsskrift for Den norske legeforening* 140. doi:10.4045/tidsskr.20.0212 (2020)
- Keesing, F. et al. 'Hosts as ecological traps for the vector of Lyme disease', *Proceedings of the Royal*

- Thomas, N., et al. 'Distribution and drivers of global mangrove forest change, 1996–2010', *PLOS ONE* 12: e0179302 (2017)

枯枝中的美女

- Excerpt from Tarjei Vesaas' 'Trøytt tre' (one of my favourite poems, is from the collection), *Lykka for ferdesmenn* (1949)
- Jacobsen, R.M. et al. 'Near-natural forests harbor richer saproxylic beetle communities than those in intensively managed forests', *Forest Ecology and Management* 466: 118124 (2020)
- Norden, J. et al. 'At which spatial and temporal scales can fungi indicate habitat connectivity?' *Ecological Indicators* 91: 138–148 (2018)
- Pennanen, J. 'Forest age distribution under mixed-severity fire regimes – a simulation-based analysis for middle boreal Fennoscandia', *Silva Fennica* 36: 213–231 (2002)

馴鹿與烏鴉

- Badia, R. 'Reindeer carcasses provide foraging habitat for several bird species of the alpine tundra', *Ornis Norvegica* 42: 36–40 (2019)
- Carter, D.O. et al. 'Cadaver decomposition in terrestrial ecosystems', *Naturwissenschaften* 94: 12–24 (2006)
- Frank, S.C. et al. 'Fear the reaper: Ungulate carcasses may generate an ephemeral landscape of fear for rodents', *Royal Society Open Science* 7: 191644 (2020)
- Granum, H.M. 'Change in arthropod communities following a mass death incident of reindeer at Hardangervidda', Master thesis NMBU (2019)
- Payne, J.A. 'A summer carrion study of the baby pig *Sus Scrofa Linnaeus*', *Ecology* 46: 592–602 (1965)
- Personally communicated by Sam Steyaert.
- Steyaert, S.M.J.G. et al. 'Special delivery: Scavengers direct seed dispersal towards ungulate carcasses', *Biology Letters* 14:20180388 (2018)
- The poem 'The Raven' by Edgar Allan Poe can be read here: https://www.poetryfoundation.org/poems/48860/the-raven

第七章 生命織錦中的經線

- Chisholm, S.W. et al. 'A novel free-living prochlorophyte abundant in the oceanic euphotic zone', *Nature* 334: 340–343 (1988)
- Flombaum, P. et al. 'Present and future global distributions of the marine cyanobacteria *Prochlorococcus* and *Synechococcus*', *PNAS* 110: 9824–9829 (2013)
- The scientist who dedicated her career to *Prochlorococcus* is Penny Chisholm – you can read about her here: https://www. sciencemag.org /news/2017/03/meet-obscure-microbe-influences-climate-ocean-ecosystems-and-perhaps-even-evolution

pdf?OpenElement= (2017)

- Wetherbee, Birkemoe, Sverdrup-Thygeson, in prep. 'Veteran trees as a source of natural enemies'.

第八章　自然檔案收藏館

- Ray Bradbury quotation: 'Without libraries, what have we? We have no past and no future' from https://www.goodreads.com/ quotes/145695-without-libraries-what-have-we-we-haveno-past- and

當花粉說話時

- Bryant, V.M. et al. 'Forensic palynology: A new way to catch crooks', Bryant, V.M. and Wrenn, J.W. (eds.), *New Development in Palynomorph Sampling, Extraction, and Analysis; American Association of Stratigraphic Palynologists Foundation, Contributions Series* Number 33, 145–155 (1998)
- Holloway, R. et al. 'New directions in palynology in ethnobiology', *Journal of Ethnobiology* 6: 46–65 (1986)
- Milne, L. et al. 'Forensic palynology', I.H.M. Coyle (ed.), *Forensic Botany: Principles and Applications to Criminal Casework* (pp. 217–252). Boca Raton, USA: CRC Press, 2005
- Sandom, C.J. et al. 'High herbivore density associated with vegetation diversity in interglacial ecosystems', *PNAS* 111:4162– 4167 (2014)
- Smith, D. et al. 'Can we characterise "openness" in the Holocene palaeoenvironmental record? Modern analogue studies of insect faunas and pollen spectra from Dunham Massey deer park and Epping Forest, England', *The Holocene* 20: 215–229 (2010)
- Steele, A. et al. 'Reconstructing Earth's past climates: The hidden secrets of pollen', *Science Activities: Classroom Projects and Curriculum Ideas* 50: 62–71 (2013)
- Stephen, A. 'Pollen – A microscopic wonder of plant kingdom', *International Journal of Advanced Research in Biological Sciences*, 1: 45–62 (2014)
- The verse is the opening of 'Auguries of Innocence' by William Blake, first published in 1863
- Whitehouse, N.J. et al. 'How fragmented was the British Holocene wildwood? Perspectives on the "Vera" grazing debate from the fossil beetle record', *Quaternary Science Reviews* 29:539–553 (2010)

生命之環

- Bill, J. et al. 'The plundering of the ship graves from Oseberg and Gokstad: an example of power politics?' *Antiquity* 86: 808–824 (2012)
- Buntgen, U. et al. '2500 years of European climate variability and human susceptibility', *Science* 331: 578–582 (2011)
- Grissino-Mayer, H.D. et al. 'Tree-ring dating of the Karr- Koussevitzky double bass: A case study' in *Dendromusicology* 61: 77–86 (2005)
- Rolstad, J. et al. 'Fire history in a western Fennoscandian boreal forest as influenced by human land use and climate', *Ecological Monographs* 87: 219–245 (2017)
- The cited verse is from Hans Børli's poem '*Fra en tømmerhoggers dagbok*', published in the collection *Dag og drøm. Dikt i utvalg*. H. Aschehoug & Co., 1979

Society B: Biological Sciences 276: 3911–3919 (2009)

- Link with Lyme disease: https://www.wiscontext.org/ what-does-passenger-pigeon-have-do-lyme-disease
- Nesting place in Michigan: https://sora.unm.edu/sites/default/files/ journals/nab/v039n05/ p00845-p00851.pdf
- Ostfeld, R.S. et al. 'Effects of acorn production and mouse abundance on abundance and *Borrelia burgdorferi* infection prevalence of nymphal *Ixodes scapularis* ticks', *Vector-Borne and Zoonotic Diseases* 1: 55–63 (2001)
- Ibid. 'Are predators good for your health? Evaluating evidence for top-down regulation of zoonotic disease reservoirs', *Frontiers in Ecology and the Environment* 2: 13–20 (2004)
- Ibid. 'Tick-borne disease risk in a forest food web'. *Ecology* 99: 1562–1573 (2018)
- Passenger pigeon numbers in the past: https://www.si.edu/ spotlight/passengerpigeon
- Rohr, J.R. et al. 'Emerging human infectious diseases and the links to global food production', *Nature Sustainability* 2: 445–456 (2019)
- Settele, J. et al. 'COVID-19 stimulus measures must save lives, protect livelihoods, and safeguard nature to reduce the risk of future pandemics', IPBES Expert Guest Article (2020)
- Tanner, E. et al. 'Wolves contribute to disease control in a multihost system', *Scientific Reports* 9 (2019)
- Taylor, L.H. et al. 'Risk factors for human disease emergence', *Philosophical Transactions of the Royal Society London B: Biological Sciences* 356: 983–989 (2001)
- World Health Organization and Convention on Biological Diversity. *Connecting Global Priorities: Biodiversity and Human Health. A State of Knowledge Review*. 364 p. WHO, Geneva (2015)

好餓的毛毛蟲

- Bohan, D.A. et al. 'National-scale regulation of the weed seedbank by carabid predators', *Journal of Applied Ecology* 48: 888–898 (2011)
- Hass, A.L. et al. 'Landscape configurational heterogeneity by small-scale agriculture, not crop diversity, maintains pollinators and plant reproduction in Western Europe', *Proceedings of the Royal Society B: Biological Sciences* 285: 20172242 (2018)
- Lechenet, M. et al. 'Reducing pesticide use while preserving crop productivity and profitability on arable farms', *Nature Plants* 3: 17008 (2017)
- Roslin, T. et al. 'Higher predation risk for insect prey at low latitudes and elevations', *Science* 356: 742–744 (2017)
- Tscharntke, T. et al. 'Multifunctional shade-tree management in tropical agroforestry landscapes – a review', *Journal of Applied Ecology* 48: 619–629 (2011)
- Tschumi, M. et al. 'High effectiveness of tailored flower strips in reducing pests and crop plant damage', *Proceedings of the Royal Society B: Biological Sciences* 282: 20151369 (2015)
- United Nations. *Report of the Special Rapporteur on the Right to Food (A/HRC/34/48).UN Human Rights Council.* https:// documents-dds-ny.un.org/doc/UNDOC/GEN/G17/017/85/PDF/ G1701785.

- L'Oréal: http://canadianbeauty.com/luci-from-lancome/ and https://www.temptalia.com/lancome-spring-2008-luci-luminous- colorless-color-intelligence-collection/
- Shu, L.H. et al. 'Biologically inspired design', *CIRP Annals* 60: 673–693 (2011)
- Sun, J. et al. 'Structural coloration in nature', *RSC Adv*. 3: 14862– 14889 (2013)
- Vukusic, P. 'An introduction to bio-inspired design. Nature's inspiration may help scientists find solutions to technological, biomedical or industrial challenges', *Contact Lens Spectrum* (2010)
- Zhang, S. et al. 'Nanofabrication and coloration study of artificial *Morpho* butterfly wings with aligned lamellae layers', *Scientific Reports* 5: 16637 (2015)

擁有黑暗之眼的蛾

- Bixler, G.D. et al. 'Biofouling: Lessons from nature', *Philosophical Transactions of the Royal Society A: Mathematical, Physical and Engineering Sciences* 370: 2381–2417 (2012)
- Examples of bioinspired products mentioned: https://www.geomatec.com/products-and-solutions/optical-control/anti-reflection-and-anti-glare/gmoth/

https://www.m-chemical.co.jp/en/products/departments/mcc/hpfilms-pl/product/1201267_7568.html

https://www.sharklet.com/ https://web-japan.org/trends/11_tech-life/tec201901.html

- Hirose, E. et al. 'Does a nano-scale nipple array (moth-eye structure) suppress the settlement of ascidian larvae?', *Journal of the Marine Biological Association of the United Kingdom*, 99:1393–1397 (2019)
- Navarro-Baena, I. et al. 'Single-imprint moth-eye anti-reflective and self-cleaning film with enhanced resistance', *Nanoscale* 10:15496–15504 (2018)
- Sun, J. et al. 'Biomimetic moth-eye nanofabrication: Enhanced antireflection with superior self-cleaning characteristic', *Scientific Reports* 8: 1–10 (2018)
- Tan, G. et al. 'Broadband antireflection film with moth-eye-like structure for flexible display applications', *Optica* 4: 678 (2017)

和黏菌一樣聰明

- Adamatzky, A. et al. 'Are motorways rational from slime mould's point of view?', *International Journal of Parallel, Emergent and Distributed Systems*, 28: 230–248 (2013)
- Navlakha, S. et al. 'Algorithms in nature: The convergence of systems biology and computational thinking', *Molecular Systems Biology*, 7: 546 (2011)
- Poissonnier, L.-A. et al. 'Experimental investigation of ant traffic under crowded conditions', *eLife* 8 (2019)
- Slime mould mating types: https://warwick.ac.uk/fac/sci/lifesci/ outreach/slimemold/facts/
- Sørensen, K. 'Metaheuristics – the metaphor exposed', *International Transactions in Operational Research*, 22: 3–18 (2015)
- Tero, A. et al. 'Rules for biologically inspired adaptive network design', *Science* 327: 439–442 (2010)
- The honeybee algorithm: https://www.goldengooseaward.org/ awardees/honey-bee-algorithm

煙囪也會說故事

- BirdLife International. *Chaetura pelagica*, The IUCN Red List of Threatened Species 2018: e. T22686709A131792415. https://dx.doi.org/10.2305/IUCN.UK.2018-2.RLTS. T22686709A131792415. en (2018)
- English, P.A. et al. 'Stable isotopes from museum specimens may provide evidence of long-term change in the trophic ecology of a migratory aerial insectivore', *Frontiers in Ecology and Evolution* 6:1–13 (2018)
- Nocera, J.J. et al. 'Historical pesticide applications coincided with an altered diet of aerially foraging insectivorous chimney swifts', *Proceedings of the Royal Society B: Biological Sciences* 279: 3114–3120 (2012)

第九章 各種場合的概念庫

表面自清功能的聖潔蓮花

- Barthlott, W. et al. 'Purity of the sacred lotus, or escape from contamination in biological surfaces', *Planta* 202: 1–8 (1997)
- Shen-Miller, J. et al. 'Exceptional seed longevity and robust growth: Ancient sacred lotus from China', *American Journal of Botany* 82: 1367–1380 (1995)
- Shirtcliffe, N.J. et al. 'Learning from superhydrophobic plants: The use of hydrophilic areas on superhydrophobic surfaces for droplet control'. Part of the *Langmuir 25th Year: Wetting and Superhydrophobicity* special issue 25: 14121–14128 (2009)
- The haiku by Matsuo Basho is from the translation *Narrow Road to the Interior: And Other Writings*, translated by Sam Hamill, Shambhala Publications, 2006
- *Zygote Quarterly* (digital magazine about bioinspiration) 3, 2012: https://zqjournal.org/editions/zq03.html

新幹線——鳥喙型子彈列車

- About the Shinkansen: https://www.greenbiz.com/blog/2012/10/19/how-one-engineers-birdwatching-made-japans-bullet-train-better

https://asknature.org/resource/ the-world-is-poorly-designed-but-copying-nature-helps/ https://www.aftenposten.no/verden/i/xP5l8j/naa-skal-de-testkjoerelyntog-med-toppfart-paa-400-kmt

- Rao, C. et al. 'Owl-inspired leading-edge serrations play a crucial role in aerodynamic force production and sound suppression', *Bioinspiration & Biomimetics* 12: 046008 (2017)
- Wagner, H., et al. 'Features of owl wings that promote silent flight', *Interface* Focus 7: 20160078 (2017)

永不褪色的顏色

- Fayemi, P.-E. et al. 'Bio-inspired design characterisation and its links with problem-solving tools', *Design* 2014 Dubrovnik – Croatia (2014)

- Haahtela, T. et al. 'The biodiversity hypothesis and allergic disease: World allergy organization position statement', *World Allergy Organization Journal*, 6: 3 (2013)
- Mayer, F.S. et al. 'The connectedness to nature scale: A measure of individuals' feeling in community with nature', *Journal of Environmental Psychology*, 24: 503–515 (2004)
- Mental health problems in Norwegians: https://www.helsenett. no/142-fakta/fakta.html
- Nilsen, A.H. 'Available outdoor space and competing needs in public kindergartens in Oslo', *FORMakademisk* 7 (2014)
- Ohtsuka, Y. et al. 'Shinrin-yoku (forest-air bathing and walking) effectively decreases blood glucose levels in diabetic patients', *International Journal of Biometeorology*, 41: 125–127 (1998)
- Sandifer, P.A. et al. 'Exploring connections among nature, biodiversity, ecosystem services, and human health and wellbeing: Opportunities to enhance health and biodiversity conservation', *Ecosystem Services*, 12: 1–15 (2015)
- Sender, R. et al. 'Revised estimates for the number of human and bacteria cells in the body', *PLOS Biology*, 14: e1002533 (2016)
- Brink P. et al. *The Health and Social Benefits of Nature and Biodiversity Protection.A report for the European Commission*, Institute for European Environmental Policy, London/Brussels (2016)
- Van Den Berg, A.E. 'From green space to green prescriptions: Challenges and opportunities for research and practice', *Frontiers in Psychology* 8 (2017)
- Von Hertzen, L. et al. 'Natural immunity', *EMBO reports* 12:1089– 1093 (2011)
- Wells, N. et al. 'Nature and the life course: Pathways from childhood nature experiences to adult environmentalism', *Children, Youth and Environments* 16 (2006)
- World Health Organization and Convention on Biological Diversity. 2015. *Connecting Global Priorities: Biodiversity and Human Health. A State of Knowledge Review*. 364 p. WHO, Geneva

和植物一樣聰明——其他物種能做的事遠比你想像的多

- Appel, H.M. et al. 'Plants respond to leaf vibrations caused by insect herbivore chewing', *Oecologia* 175: 1257–1266 (2014)
- Balding, M. et al. 'Plant blindness and the implications for plant conservation', *Conservation Biology* 30: 1192–1199 (2016)
- Biegler, R. 'Insufficient evidence for habituation in *Mimosa pudica*. Response to Gagliano et al', (2014). *Oecologia* 186: 33–35 (2018)
- Gagliano, M. et al. 'Experience teaches plants to learn faster and forget slower in environments where it matters', *Oecologia* 175:63–72 (2014)
- Ibid. 'Learning by Association in Plants', *Scientific Reports* 6: 38427 (2016)
- Ibid. 'Plants learn and remember: let's get used to it', *Oecologia* 186: 29–31 (2018)
- Helms, A.M. et al. 'Exposure of *Solidago altissima* plants to volatile emissions of an insect antagonist (*Eurosta solidaginis*) deters subsequent herbivory', *PNAS* 110: 199–204 (2013)
- Knapp, S. 'Are humans really blind to plants?', *Plants, People, Planet* 1: 164–168 (2019)
- Mescher, M.C. et al. 'Plant biology: Pass the ammunition', *Nature* 510: 221–222 (2014)

搜尋隱士甲蟲的獵犬

- Middle, I. 'Between a dog and a green space: Applying ecosystem services theory to explore the human benefits of off-the-leash dog parks', *Landscape Research*: 1–14 (2019)
- Mosconi, F. et al. 'Training of a dog for the monitoring of *Osmoderma eremita*', *Nature Conservation-Bulgaria*: 237–264 (2017)
- Other examples of use of dogs:

https://www.greenmatters.com/news/2018/02/19/2m3wBf/bordercollies-forest

https://www.iowapublicradio.org/post/specially-trained-dogs-help-conservationists-find-rare-iowa-turtles

https://www.bbcearth.com/blog/?article=meet-the-dogs-savingendangered-species

- Sverdrup-Thygeson, A. et al. *Faglig grunnlag for handlingsplan for eremitt*, NINA Rapport 632. 25 pages (2010)
- The excerpt is from Rudyard Kipling's 'The Cat that Walked by Himself ', originally published in *Just So Stories*, Macmillan Publishers, 1902

變成炸彈的蝙蝠

- Christen, A.G. et al. 'Dr. Lytle Adams' incendiary "bat bomb" of World War II', *Journal of the History of Dentistry*, 52: 109–115 (2004)
- Excerpt from the Tarjei Vesaas' poem '*Regn i Hiroshima*' (Rain in Hiroshima) from *Leiken og Lynet* (1947); English translation from *Through Naked Branches: Selected Poems of Tarjei Vesaas*, translated by Roger Greenwald, Black Widow Press, 2018
- Pigeon-controlled missiles: https://web.archive.org/web/20080516215806/http://historywired.si.edu/object.cfm?ID=353
- The Dickin Medal: https://www.pdsa.org.uk/what-we-do/ animal-awards-programme/pdsa-dickin-medal

第十章 自然大教堂——偉大思想在此塑形

- The excerpt from *Voluspå* is taken from Penguin Classics edition of *The Prose Edda* translated by Jesse Byock, 2005
- Ekman, Kerstin. *My Life in the Forest and the Forest in my Life – Nature and Identity, Herrene i skogen*, Heinesen Forlag. 2015

室內人——我們擁有的自然與健康

- Bratman, G.N. et al. 'Nature and mental health: An ecosystem service perspective', *Science Advances* 5: eaax0903 (2019)
- Chawla, L. 'Childhood experiences associated with care for the natural world: A theoretical framework for empirical results', *Children, Youth and Environments*, 17: 144–170 (2007)
- Example from the UK: https://www.dailymail.co.uk/news/article-462091/How-children-lost-right-roam-generations.html

- Pierik, R. et al. 'Molecular mechanisms of plant competition: Neighbour detection and response strategies', *Functional Ecology* 27: 841–853 (2013)
- Runyon, J.B. et al. 'Volatile chemical cues guide host location and host selection by parasitic plants', *Science* 313: 1964 (2006)
- Veits, M. et al. 'Flowers respond to pollinator sound within minutes by increasing nectar sugar concentration', *Ecology Letters* 22: 1483–1492 (2019)

來自朋友的援手——複雜的交互作用

- Brusca, R. et al. 'Tongue replacement in a marine fish (*Lutjanus guttatus*) by a parasitic isopod (Crustacea: Isopoda)', *Copeia* 1983: 813 (1983)
- Fay, M.F. 'Orchid conservation: How can we meet the challenges in the twenty-first century?', *Botanical Studies* 59 (2018)
- NOU 2004: 28. Act relating to the management of natural, landscape and biological diversity (Nature Diversity Act). Ministry of Climate and Environment (2004)

失落的荒野與新自然——前行之路

- Perring, M.P. et al. 'The extent of novel ecosystems: Long in time and broad in space', In Hobbs, R. J. et al. (eds), *Novel Ecosystems*, pp. 66–80 (2013)
- The Aldo Leopold quotation is from *Round River: From the Journals of Aldo Leopold*, Northwood Press, 1953
- The Henry Thoreau quote is from *Walden or Life in the Woods*, originally published in 1854
- Vizentin-Bugoni, J. et al. 'Structure, spatial dynamics, and stability of novel seed dispersal mutualistic networks in Hawaii', *Science* 364: 78–82 (2019)
- Watson, J.E.M. et al. 'Catastrophic declines in wilderness areas undermine global environment targets', *Current Biology* 26: 2929–2934 (2016)
- Ibid. 'Protect the last of the wild', *Nature* 563:27–30 (2018)

後記

- IPBES. *The Global Assessment Report on Biodiversity and Ecosystem Services*. Complete draft version (2019)
- Statistic from Our World in Data, https://ourworldindata.org/
- The quotation at the beginning is by Arundhati Roy, author and activist, from a speech at the World Social Forum in Porto Alegre, Brazil, 2003

譯名對照表

A

acetylsalicylic acid　乙醯柳酸
Alaskan lupine　阿拉斯加羽扇
American cave lion　美洲擬獅
amphibians　兩棲類
Argentine ant　阿根廷蟻
Arsenic　砷
artemisinin　青蒿素
aurochs　原牛
bark beetles　小蠹蟲、樹皮甲蟲
Battle of Agincourt　阿金庫爾戰役
beech　山毛櫸
beetle hound　甲蟲獵犬
beewolf　狼蜂
biomass　生物量
birch polypore fungus　白樺菌菇
bitterwood　苦木

B

bone worms　食骨蠕蟲
book gill　書鰓
boreal owl　鬼鴞
Brazil nut tree　巴西堅果樹
breathing root　呼吸根
brome　雀麥草、白露草
butter cap　乳酪狀金錢菌

C

Carboniferous age　石炭紀
cellulose　纖維素
central strand　中心束
cereal leaf beetle　黑角負泥蟲
chanterelle　雞油菌
chimney swift　煙囪雨燕
ciclosporin　環孢素
coeliac disease　乳糜瀉
coltsfoot　款冬花
common heather　石楠
cormorants　鸕鶿
cuckoo bumblebee　杜鵑熊蜂
cushion spurge　沼生大戟
Cystostereum murrayi　默里囊韌革菌

D

deer mouse　鹿鼠
dendrochronology　樹齡學、年輪年代學
dodders　菟絲子
dwarf elephant　侏儒海象

E

ecological grief　生態悲痛
eggleaf twayblade　對葉蘭

M

malaria 瘧疾
mallow 錦葵
mammoth 猛瑪象
mandrake 曼德拉草
marine snow 海雪、海洋雪花
marsupials 有袋類
mastodon 乳齒象
Melipona 馬雅皇蜂
Mexican beaded lizard 念珠蜥蜴
Mexican free-tailed bat 墨西哥皺鼻蝠
Morpho 藍閃蝶
multiple sclerosis 多發性硬化症
mycorrhizal fungi 菌根菌
myrrh 沒藥

O

Obba rivulosa 環帶歐巴菌
old-world fruit bat 果蝠
opossum 負鼠
orchid bee 蘭花蜂
osmo-dog 滲透犬
otoliths 耳石

P

palynology 孢粉學
paper wasp 紙胡蜂
passenger pigeon 旅鴿
penicillin 盤尼西林
Penicillium 青黴菌屬
photosynthesis 光合作用
Physarum polycephalum species 多頭絨泡菌
phytoremediation 植物修復
plane 英桐
Plasmodium falciparum 瘧原蟲
Pleistocene 更新世
pond turtle 澤龜科
poplar 白楊木
porcini 牛肝菌

R

rattlesnake plantain 穤子蘭屬
red clover 紅三葉草
red knot 紅腹濱鷸
red-belted conk 松生擬層孔菌
rheumatoid arthritis 類風濕性關節炎

S

sabre-toothed tiger 劍齒虎
scanning electron microscope 掃描式電子顯微鏡
scilla 海蔥
sexton beetle 埋葬蟲
Shetland pony 雪特蘭小型馬
shrew 鼩鼱，尖鼠
Sitka spruce 美國西川雲杉
slime mould 黏菌
Sound barrier 音障
Spanish slug 西班牙蛞蝓
springtails 跳蟲
steppe bison 西伯利亞野牛
steppe mammoth 草原猛瑪
stilt root 支柱根

endotoxin　內毒素
Europe’s woolly rhinocero　披毛犀
European hornet　歐洲大虎頭蜂
Europe's woolly rhinoceros　披毛犀
evening primrose family　月見草科

F

fig wasp　榕果小蜂
flower fly　食蚜蠅
foulbrood　蜜蜂巢腐病
fragrant orchid　手參屬
free-tailed bats　東亞游離尾蝠、皺鼻蝠
Funalia trogii　硬毛栓孔菌
furniture beetle　家具甲蟲

G

gamma-decalactone　丙位癸內酯
gastric-brooding frog　胃育蛙
giant sloth　地懶
Gila monster　吉拉毒蜥
goat fig tree　山羊無花果
golden plover　金斑鴴
googolplex　古戈爾普勒克斯
green-veined white butterfly　綠紋白蝶
ground beetles　步行蟲、步甲
guano　鳥糞石

H

hair grass　髮草
hedgehog mushroom　刺蝟蘑菇
hellebore　藜蘆
henbane　莨菪
hermit Beetle　隱士甲蟲
Heteroptera　異翅亞目
Holocene　全新世
honey fungus　松蕈屬
horseshoe crab　馬蹄蟹、鱟
hoverfly　滯空蠅、食蚜蠅
hydrozoan　水螅蟲

I

inflammatory bowel diseases　發炎性腸道疾病
insect gall　蟲癭
interglacial period　間冰期

J

Japanese knotweed　虎杖

K

kingfisher　翠鳥
laccase　蟲漆酶

L

lady’s mantle　羽衣草
lady’s slipper　杓蘭屬
leaf beetle　金花蟲
linden trees　椴樹
lodgepole pine　扭葉松
luciferin　螢光素
lupines　羽扇豆，魯冰花
Lyme disease　萊姆病
lyme grass　沙丘草

straight-tusked elephant　古菱齒象
Streptomyces　鏈黴菌屬
sweet wormwood　青蒿

T

taxol　紫杉醇
thale cress　阿拉伯芥
tinder fungus　木蹄層孔菌
Tomentella　大豆屬
tree of heaven　臭椿
true bugs　半翅目
Tulasnella　膠膜菌屬
Turritopsis dohrnii　燈塔水母

W

Warnstorfia fluitans　浮生范氏蘚
Whale Fall　鯨落
whipworm　鞭蟲
white-rot fungus　白腐真菌
wood louse　潮蟲
wood mould　木黴菌

Y

yellow-necked mouse　黃頸鼠

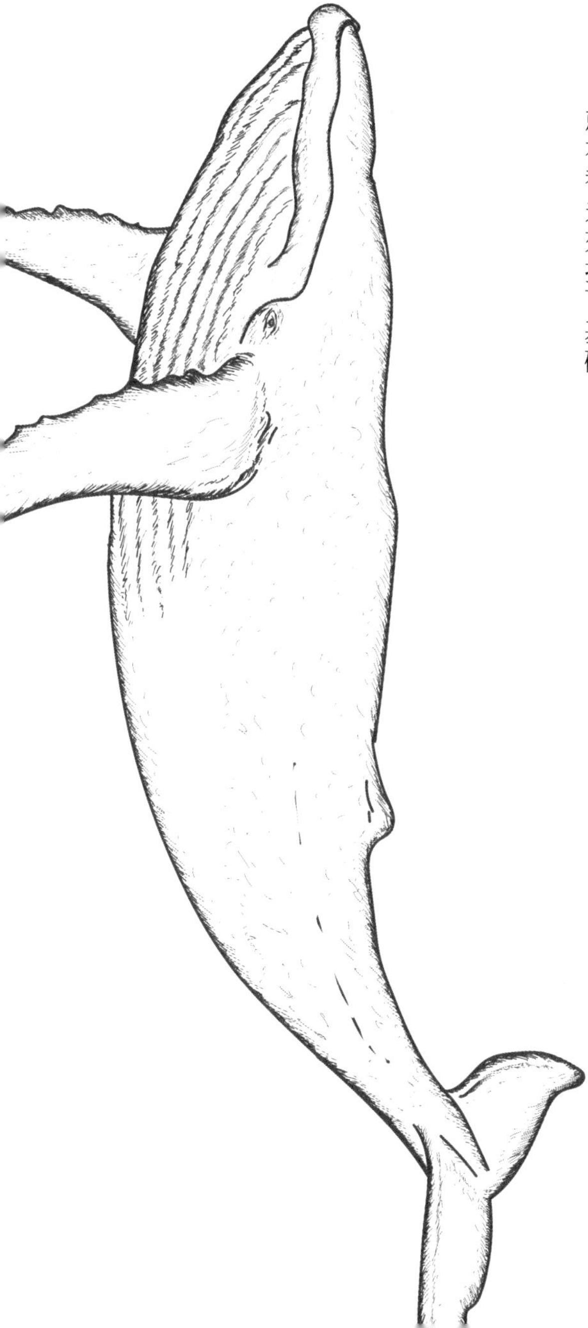

我們今日採取的行動，
就在替未來打下基礎。

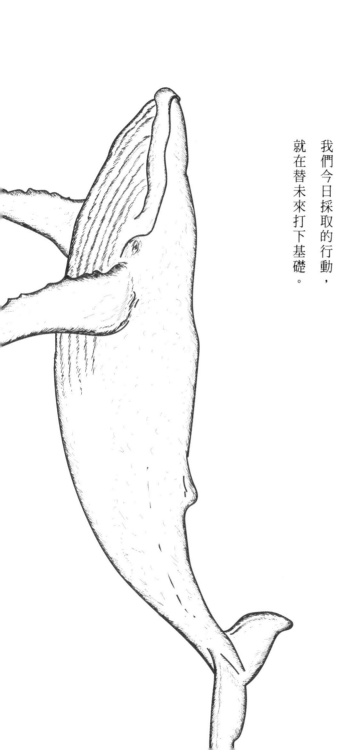

站在自然巨人的肩膀
看自然如何將我們高高舉起，支撐萬物生息
På Naturens Skuldre: hvordan ti millioner arter redder livet ditt

---

作　　者　安・史韋卓普-泰格松（Anne Sverdrup-Thygeson）
審　　訂　汪澤宏
譯　　者　王曼璇
校　　對　呂佳真
封面設計　莊謹銘
內頁排版　高巧怡
行銷企劃　蕭浩仰、江紫涓
行銷統籌　駱漢琦
業務發行　邱紹溢
營運顧問　郭其彬
責任編輯　何韋毅
總 編 輯　李亞南
出　　版　漫遊者文化事業股份有限公司
地　　址　台北市松山區復興北路331號4樓
電　　話　(02) 2715-2022
傳　　真　(02) 2715-2021
服務信箱　service@azothbooks.com
網路書店　www.azothbooks.com
臉　　書　www.facebook.com/azothbooks.read
營運統籌　大雁文化事業股份有限公司
地　　址　台北市松山區復興北路333號11樓之4
劃撥帳號　50022001
戶　　名　漫遊者文化事業股份有限公司
初版一刷　2021年12月
初版三刷(1)　2023年7月
定　　價　台幣480元
I S B N　978-986-489-544-1

國家圖書館出版品預行編目 (CIP) 資料

站在自然巨人的肩膀：看自然如何將我們高高舉起，支撐萬物生息／安・史韋卓普-泰格松（Anne Sverdrup-Thygeson）著；王曼璇譯. -- 初版. -- 臺北市：漫遊者文化事業股份有限公司出版：大雁文化事業股份有限公司發行，2021.12
336 面；15×21 公分
譯自：På naturens skuldre : hvordan ti millioner arter redder livet ditt
ISBN 978-986-489-544-1（平裝）
1. 生態學　2. 生物多樣性
367　　110018402